高校环境类新形态系列教材

HUANJING YINGXIANG PINGJIA

环境影响评价

主　编　张桂芹　祁　峰　母锐敏　许思思　魏小锋
副主编　毛书帅　刘仕杰　谢震震　赵　莹　蒋　利

中国环境出版集团·北京

图书在版编目（CIP）数据

环境影响评价 / 张桂芹等主编；毛书帅等副主编. 北京 ： 中国环境出版集团，2024. 10. - -（高校环境类新形态系列教材）. - - ISBN 978-7-5111-5996-0

Ⅰ. X820.3

中国国家版本馆 CIP 数据核字第 20242XN403 号

责任编辑 曹 玮
封面设计 宋 瑞

出版发行 中国环境出版集团
（100062 北京市东城区广渠门内大街 16 号）
网 址：http://www.cesp.com.cn
电子邮箱：bjgl@cesp.com.cn
联系电话：010-67112765（编辑管理部）
发行热线：010-67125803，010-67113405（传真）
印 刷 玖龙（天津）印刷有限公司
经 销 各地新华书店
版 次 2024 年 10 月第 1 版
印 次 2024 年 10 月第 1 次印刷
开 本 787×1092 1/16
印 张 13
字 数 208 千字
定 价 45.00 元

前　言

环境影响评价可以保障可持续发展战略的实施，预防因规划和建设项目实施对环境造成不良影响，达到促进经济、社会和环境协调发展的目的。因此，环境影响评价目前已成为环境管理体系的重要手段和组成部分。环境影响评价具有技术方法更新快、涉及法律法规与标准范围广的鲜明特点，高校师生及相关从业人员急需一本体现行业最新技术、规范和要求的书籍用于教学和指导实践工作。因此，编委会结合多年的教学经验和工程实践，在广泛征求同行及专家意见的基础上编写了本书。

本书基于环境影响评价学科发展和人才培养需求，从环境影响评价的基本概念出发，介绍了环境影响评价制度和法律保障体系，以及环境影响评价工作的一般程序、内容与编制要求，并进一步从各专项环境影响评价角度进行了详细阐述。全书对环境影响评价涉及的技术方法、法律法规和案例进行了分析、提炼和整合，力求体现从事环境影响评价所应掌握的基础知识和能力及当前行业的最新要求，并将重点放在锻炼、培养和提高学生认识、分析和解决环境影响评价相关问题的实际能力。为加深读者对本书内容的理解和掌握，全书各章均附有习题，本书还附有相关电子资料，包括教学课件、法律法规、导则和标准、相关技术指南等，以帮助读者更好地学习。

本书可作为高等院校环境科学、环境工程及相关专业本科生“环境影响评价”课程的教材，同时可作为环境影响评价技术人员和管理人员学习和参考用书。

本书的编写分工为：第 1、2、3、11 和 12 章由祁峰、母锐敏执笔，第 4、8、9 章由许思思执笔，第 5、6、7、10 章由张桂芹、魏小锋、刘仕杰、毛书帅执笔。谢震震、赵莹和蒋利为本书提供了案例并进行了审稿，研究生王明月、王俊超对本书中插图进行了汇总和整理。

限于编者的水平，本书中缺点和错误在所难免，尚请读者批评指正。

《环境影响评价》编委会

2024 年 7 月

目 录

第 1 章 环境影响评价概论

1.1 环境

1.1.1 环境的概念

影响人类生存和发展的各种天然的和经过人工改造的自然因素的总体，包括大气、水、海洋、土地、矿藏、森林、草原、湿地、野生生物、自然遗迹、人文遗迹、自然保护区、风景名胜区、城市和乡村等。①

1.1.2 环境的基本特征

（1）整体性与区域性

环境的整体性（系统性）：各环境要素或环境各组成部分之间，因有其相互确定的数量与空间位置，并以特定的相互作用而构成了具有特定结构和功能的系统。

环境的区域性：环境特性的区域差异，即环境因地理位置的不同或空间范围的差异会有不同的特性。区域性反映了区域社会、经济、文化、历史等的多样性。

（2）变动性和稳定性

环境的变动性：在自然的、人类社会行为的或两者共同作用下，环境的内部结构和外在状态始终处于不断变化之中。

环境的稳定性：环境系统具有一定的自我调节功能，环境结构和状态在自然与人类社会行为的作用下，所发生的变化不超过一定限度时，环境可以借助于自身的调节功能使这些变化逐渐消失，恢复到变化前的状态。

变动是绝对的，稳定是相对的。

---

① 见《中华人民共和国环境保护法》第二条。

（3）资源性和价值性

环境的资源性：环境具有资源性（环境即资源）。人类社会的生存发展要求环境有相应的付出，环境是人类社会生存发展的必不可少的投入，为人类社会的生存发展提供必要的条件。

环境的价值性：环境具有资源性，决定其具有价值性。而环境的经济价值是环境价值的一种表现形式。在环境影响评价中，环境的经济价值常常被用作环境影响的经济损益分析（环境影响的经济评价）。

1.1.3 环境要素

（1）环境系统

开放系统和封闭系统是根据系统和周围环境是否有物质能量联系划分的，环境是个典型的开放系统。开放系统和封闭系统的区分是相对来说的，完全（或者说绝对）的封闭系统只是理想状态。

动态系统和稳态系统是根据系统随时间变化的特性划分的，两者的区分是相对的，完全（或者说绝对）的稳态系统只是理想状态。环境是典型的动态系统。

环境系统具有一定的层次结构，环境子系统有大气环境、水环境、土壤环境、生物环境等。

环境是一个动态的开放的多层次的系统，对人类来说是有价值的资源。

（2）环境要素的概念

环境子系统又称为环境要素，指构成环境整体的各个独立的、性质各异而又服从总体演化规律的基本物质组成，也叫环境基质，通常是指大气、水、声、振动、生物、土壤、放射性、电磁等。①

环境要素如果按成因来划分，可划分为自然系统、人工系统和复合系统。其中，岩石圈、土壤圈、环境空气、多数水环境（如江河湖海及地下水）是自然系统；社会经济系统、铁路运输系统均属人工系统；农田生态系统、人工水库是典型的复合系统。

1.1.4 环境质量

环境质量是指环境对人类社会生存和发展的适宜性。环境质量既指环境的总体质量（综合质量），也指环境要素的质量，如大气环境质量、水环境质量、土壤环境质量和生物环境质量。

每一个环境要素可以用多个环境质量参数或者因素加以定性或定量描述。环境质量

① 见《建设项目环境影响评价技术导则　总纲》（HJ 2.1—2016）。

参数通常用环境介质中的物质的浓度加以表征，如大气环境质量常用二氧化硫（SO_2）、一氧化碳（CO）、二氧化氮（NO_2）、臭氧（O_3）、铅（Pb）的浓度等表征。

环境质量是相对的和动态变化的。在不同的地方、不同的历史时期人类对环境适宜性的要求是不同的。一般来说，人们对环境适宜性的要求随着经济发展迅速提高，具体体现在环境质量标准要求的提高。

1.2 环境影响

1.2.1 环境影响的概念与内涵

（1）环境影响的概念

环境影响是指人类活动（经济活动、政治活动和社会活动）对环境的作用和导致的环境变化以及由此引起的对人类社会和经济的效应。

ISO 14001 标准的定义：环境影响是“全部或部分组织的活动、产品或服务给环境造成的任何有益或有害的变化。”

（2）环境影响的内涵

环境影响包括两个层次：人对环境的影响；改变的环境对人的影响。

1.2.2 环境影响的分类

环境影响按影响的效果可以分为有利（有益、正面）影响、不利（有害、负面）影响。广义地理解，环境影响是人类活动给环境造成的任何有益或有害的变化，但是人们更关心的是负面的影响，即有害的变化。

环境影响按影响的来源可以分为直接影响（与人类活动在时间上同时，在空间上同地）、间接影响（在时间上推迟、在空间上较远，但是在可合理预见的范围内）、累积影响（指一项活动的过去、现在及可以预见的将来的影响具有累积性质，或多项活动对同一地区可能叠加的影响）。

环境影响按影响性质可以分为可恢复影响、不可恢复影响。

1.3 环境影响评价

1.3.1 环境影响评价的概念

（1）环境评价

环境评价是按照一定的评价标准和评价方法评估环境质量的优劣和评价人类活动的环境影响的学科。

（2）环境影响评价与环境质量评价

环境影响评价①：对规划和建设项目实施后可能造成的环境影响进行分析、预测和评估，提出预防或者减轻不良环境影响的对策和措施，进行跟踪监测的方法与制度。②

环境质量评价：通过对环境质量现状进行定量判定，为控制环境污染、制定环境规划、促进国土整治和资源开发利用等提供科学依据。

环境影响评价不等于环境质量评价，两者在评价对象、性质、目的、特点、方法和作用上都有很大区别，见表 1-1。

表 1-1 环境影响评价与环境质量评价的区别

区别	环境质量评价	环境影响评价
对象	区域自然环境	规划和建设项目
性质	环境现状优劣评定	预测环境影响和环境变化
目的	为环境规划、综合整治提供依据，为影响评价提供参照基础	为开发建设活动的布局决策和为预防环境破坏与污染，减轻环境影响
特点	区域性	工程性
方法	环境调查、监测、建立指标并进行量化	收集资料，现状监测，类比分析或模拟评价或描述验证，影响预算计算与评价
作用	评定环境现状，为规划或整治服务，或为影响评价构建基础平台	论证选址合理性，预测环境影响，制定防治对策，为决策和工程设计以及环境管理服务

但两者又有很多联系：首先，评价方法相近；其次，环境质量评价是环境影响评价的本底数据基础。

1.3.2 环境影响评价的基本功能

环境影响评价是管理工作的重要组成部分，它具有不可替代的判断功能、预知功能、导向功能和调控功能。对规划和建设项目而言，它可以判断其环境可行性，保证其选址

① 简称环评，全书同。

② 见《中华人民共和国环境影响评价法》第二条。

和布局的合理性，从多个替代方案选择从环境保护角度考虑的最佳方案，可以提出各种减免措施并评价各种减免措施的技术经济可行性，从而为污染治理工程提供依据。

四大功能中，判断功能是基础，导向功能是核心。

1.3.3　环境影响评价的目的与意义

（1）环境影响评价的根本目的

环境影响评价必须客观、公开、公正，综合考虑规划或建设项目实施后对各种环境要素及其所构成的生态系统可能造成的影响，为决策提供科学依据。[①]

环境影响评价的根本目的是鼓励在规划和决策中考虑环境因素，最终达到更具环境相容性的人类活动。

（2）环境影响评价的意义

环境影响评价是管理工作的重要组成部分，具有以下意义：保证建设项目选址和布局的合理性；指导环境保护措施的设计，强化环境管理；为区域的社会经济发展提供导向；促进相关环境科学技术发展。

1.3.4　环境影响评价的基本要求

1）基本上包括所有可能给环境造成显著影响的项目，并且应当识别和评估这些影响。

2）对各种替代方案、管理技术及减免措施进行比较，比较的方法为经济技术论证，并做必要的补充。

3）对建设项目实施环境监测的建议。

4）编写清楚的环境影响的报告书，使专家和非专家都可以了解影响的特征及重要性。

5）应有广泛的公众参与和严格的行政审查。

6）能够为决策提供信息。

1.3.5　环境影响评价的分类

一般根据评价对象将环境影响评价分为两种类型。

（1）建设项目环境影响评价（environmental impact assessment of construction project）

这是我国目前开展得最多的一种环境影响评价，是对某个建设项目对环境可能产生的影响进行预评，从而对建设项目的建设进行干预，一般与可行性研究同时进行。

（2）规划环境影响评价（planning environmental impact assessment）

国务院有关部门、设区的市级以上地方人民政府及其有关部门组织编制的土地利

---

① 见《中华人民共和国环境影响评价法》第四条。

用的有关规划，区域、流域、海域的建设、开发利用规划，以及工业、农业、畜牧业、林业、能源、水利、交通、城市建设、旅游、自然资源开发的有关专项规划的环境影响评价。[①]

习 题

1. 名词解释

（1）环境；（2）环境要素；（3）环境质量；（4）环境影响；（5）环境影响评价。

2. 请简述环境影响评价与环境质量评价的区别与联系。

3. 请简述环境影响评价的基本功能。

4. 请简述你对环境影响评价的理解。

5. 请简述环境影响评价的基本要求。

① 见《中华人民共和国环境影响评价法》第七条、第八条。

第2章

环境影响评价制度及法律保障体系

2.1 环境影响评价制度

2.1.1 环境影响评价制度的概念

用法律的形式规定环境影响评价是一个必须遵守的制度，叫作环境影响评价制度。

2.1.2 国外环境影响评价制度的建立和发展

美国于1969年通过了《国家环境政策法》，1970年1月1日正式实施。该法要求有重大影响的行动均要提供一份环境影响报告。

20世纪70年代，世界上大多数国家先后建立了环境影响评价制度，我国是在1979年建立环境影响评价制度。

环境影响评价制度发展是非常快的，环境影响评价的内容也在不断深化，环境影响评价的要求也不断提高，表现在以下四个方面：评价的对象从建设项目逐步转移到了战略角度；从以污染性影响评价为主转变为兼顾非污染性影响评价；从以自然环境影响评价为主转变为兼顾社会环境影响评价；从以环境要素影响评价为主转变为兼顾其他专项评价。

2.1.3 我国的环境影响评价制度发展历程

引入和确立阶段（1973—1978年）：1973年第一次全国环境保护会议，宣传、倡导和研究环境影响评价制度。

规范建设阶段（1979—1988年）：1979年《中华人民共和国环境保护法（试行）》确立环境影响评价制度，开始形成环境保护法律、法规

强化和完善阶段（1989—1997年）：1989年12月26日通过《中华人民共和国环境

保护法》，环评中强化了“清洁生产”和“公众参与”，强化了环境影响评价。

提高和定型阶段（1998—2002 年）：《建设项目环境保护管理条例》的实施；该条例是建设项目环境管理的第一个行政法规，明确规定国家实行建设项目环境影响评价制度。

新拓展阶段（2003 年至今）：《中华人民共和国环境影响评价法》的实施；环境影响评价从项目环境影响评价进入规划环境影响评价；环境影响评价工程师职业资格制度。

2.1.4 我国环境影响评价制度的特点

我国环境影响评价制度具有以下几个特点。

（1）具有法律强制性

我国的环境影响评价制度是一项法律制度（详见 2.2 节），它以法律形式约束人们必须执行，具有不可违背的强制性。法律强制性是我国环评最重要的特点。

（2）纳入基本建设程序

根据《基本建设项目环境保护管理办法》的规定，未经环境保护主管部门批准环境影响报告书的建设项目，计划部门（一般指发展改革委）不办理设计任务书的审批手续，土地部门不办理征地，银行不予贷款。环境影响评价在基本建设程序中具有非常重要的地位。

“三同时”原则：我国在环境管理中防止出现新污染源污染环境的一项重要原则，也是一项具有中国特色的原则。这项原则要求一切企业、事业单位在进行新建、改建和扩建工程时，防治污染和其他公害的设施必须与主体工程同时设计、同时施工、同时投产，简称“三同时”原则。

（3）分类管理

对造成不同程度环境影响的建设项目实行分类管理。根据对环境的影响程度不同分别编写环境影响报告书（重大）、环境影响报告表（轻度不利）和填报环境影响登记表（无或影响极小）。分类是根据《建设项目环境保护管理条例》第七条和生态环境部《建设项目环境保护分类管理名录》规定来确定的。对新建项目和扩建、技改项目评价重点也不同。

（4）评价方法与制度持续改进

我国的环境影响评价方法与制度一直处于调整和完善过程。

（5）实行评价资格信用管理制度

设区的市级以上生态环境主管部门（以下简称市级以上生态环境主管部门）应当加强对编制单位的监督管理和质量考核，开展环境影响报告书（表）编制行为监督检查和编制质量问题查处，并对编制单位和编制人员实施信用管理。①

---

① 见《建设项目环境影响报告书（表）编制监督管理办法》第六条。

生态环境部负责建设全国统一的环境影响评价信用平台（以下简称信用平台），组织建立编制单位和编制人员诚信档案管理体系。信用平台纳入全国生态环境领域信用信息平台统一管理。[①]

编制单位，是指主持编制环境影响报告书（表）的单位，包括主持编制环境影响报告书（表）的技术单位和自行主持编制环境影响报告书（表）的建设单位。

编制人员，是指环境影响报告书（表）的编制主持人和主要编制人员。编制主持人是环境影响报告书（表）的编制负责人。主要编制人员包括环境影响报告书各章节的编写人员和环境影响报告表主要内容的编写人员。环境影响报告书（表）的编制主持人和主要编制人员应当为编制单位中的全职人员，环境影响报告书（表）的编制主持人还应当为取得环境影响评价工程师职业资格证书的人员。

2.2　法律保障体系

2.2.1　我国的法律体系

中国特色社会主义法律体系，以宪法为统帅，以法律为主干，以行政法规、部门规章、地方性法规规章为重要组成部分。

2.2.2　宪法中的有关要求

《中华人民共和国宪法》是中华人民共和国的根本大法，拥有最高法律效力。宪法与环境影响评价制度有关的条款包括：第九条第二款：国家保障自然资源的合理利用，保护珍贵的动物和植物。禁止任何组织或者个人用任何手段侵占或者破坏自然资源。第十条第五款：一切使用土地的组织和个人必须合理地利用土地。第二十六条第一款：国家保护和改善生活环境和生态环境，防治污染和其他公害。宪法的这些规定是我国环境保护工作的最高准则，也是环境影响评价制度的最根本的法律依据和基础。

2.2.3　重要的环境保护部门法

（1）环境保护综合法

《中华人民共和国环境保护法》是我国为保护和改善环境，防治污染和其他公害，保障公众健康，推进生态文明建设，促进经济社会可持续发展而制定的综合环境保护基本法。

---

① 见《建设项目环境影响报告书（表）编制监督管理办法》第七条。

（2）环境保护单行法

我国针对环境保护的具体领域制定了一系列的环境保护单行法，如针对污染防治的《中华人民共和国水污染防治法》《中华人民共和国大气污染防治法》《中华人民共和国固体废物污染环境防治法》《中华人民共和国噪声污染防治法》《中华人民共和国放射性污染防治法》等；针对生态保护的《中华人民共和国水土保持法》《中华人民共和国海洋环境保护法》《中华人民共和国防沙治沙法》《中华人民共和国野生动物保护法》等；针对环境保护具体工作的《中华人民共和国清洁生产促进法》《中华人民共和国节约能源法》《中华人民共和国循环经济促进法》《中华人民共和国环境影响评价法》等。

此外，还有大量法律虽然不是为环境保护而制定，但其部分内容与环境保护密切相关，如针对自然资源保护的《中华人民共和国水法》《中华人民共和国森林法》《中华人民共和国草原法》《中华人民共和国渔业法》《中华人民共和国矿产资源法》《中华人民共和国文物保护法》等；针对社会经济工作和生活的《中华人民共和国城乡规划法》《中华人民共和国土地管理法》等。

2.2.4 环境影响评价法

《中华人民共和国环境影响评价法》（以下简称《环评法》）是为了实施可持续发展战略，预防因规划和建设项目实施对环境造成不良影响，促进经济、社会和环境的协调发展而制定的，是直接指导和规范环境影响评价工作的法律。

（1）环境影响评价法的内容与作用

《环评法》规定了环境影响评价范围、内容、审查程序，审批时限、权限和执法主体，明确了违法者应承担的法律责任。《环评法》的实施对强化建设项目环境管理、开展规划环境影响评价、进一步提高环评质量、规范环评市场和今后的环保工作将起到极大的推动作用。

（2）环境影响评价法的特点

1）将实施可持续发展作为立法目的

“为了实施可持续发展战略，预防因规划和建设项目实施后对环境造成不良影响，促进经济、社会和环境协调发展，制定本法。”

从立法目的上明确和强化了预防的要求，确保环境管理从“末端控制”向“源头控制和全过程控制”方向发展。

2）环评对象及内容拓展

《环评法》把环评对象从单纯的建设项目扩展到与环境资源相关的各类社会经济发展规划，与建设项目环评相比，规划环评所关注的是拟议规划实施后所带来的大空间范围、大时间尺度、多种行为交叉和积累的环境影响。

3）充实公众参与环评的内容，促使政府决策程序科学化

公众参与的思想形成于 20 世纪 60 年代，我国一些环境保护法律法规都有公众参与的条款，如《中华人民共和国水污染防治法》《建设项目环境保护管理条例》等。《建设项目环境保护管理条例》第十四条规定："建设单位编制环境影响报告书，应当依照有关法律规定，征求建设项目所在地有关单位和居民的意见。"而对于公众参与的范围、程序、方式等都没有具体规定。

《环评法》较《建设项目环境保护管理条例》更加主动、积极，在第一章总则的第五条规定："国家鼓励有关单位、专家和公众以适当方式参与环境影响评价。"

《环评法》第二章第十一条规定："专项规划的编制机关对可能造成不良环境影响并直接涉及公众环境权益的规划，应当在该规划草案报送审批前，举行论证会、听证会，或者采取其他形式，征求有关单位、专家和公众对环境影响报告书草案的意见。但是，国家规定需要保密的情形除外。

编制机关应当认真考虑有关单位、专家和公众对环境影响报告书草案的意见，并应当在报送审查的环境影响报告书中附具对意见采纳或者不采纳的说明。"

《环评法》完善和充实了有关单位、专家和公众参与专项规划环境影响评价的范围、程序、方式及公众意见的法律地位，使公众意见成为环境影响报告书不可或缺的组成部分。

4）环境影响评价程序更趋完善

《环评法》规定：

环评报告书经批准后规划和项目方可实施；

有关部门对编制的规划，应当在规划形成初步方案至上报前组织进行环评，并向审批机关提出环评报告书；

人民政府在审批专项规划草案前，先由指定的环境保护行政主管部门或者其他部门召集有关部门代表和专家进行审查；

人民政府在审批专项规划草案时，应当将环境影响报告书结论以及审查意见作为决策的重要依据，在审批中未采纳环境影响报告书结论以及审查意见的，应当作出说明，并存档备查；

对环境有重大影响的规划实施后，编制机关还应当及时组织环境影响的跟踪评价。

2.2.5　法规和规章

环境保护行政法规是由国务院制定并公布或经国务院批准有关主管部门公布的环境保护规范性文件。

政府部门规章是国务院环境保护行政主管部门单独发布或与国务院有关部门联合发布的环境保护规范性文件。

环境保护行政法规和政府部门规章是对环境保护法律的补充和细化。

2.2.6 环境保护地方性法规和地方性规章

环境保护地方性法规和地方性规章是享有立法权的地方权力机关和地方政府机关（包括省、自治区、直辖市、省会城市、国务院批准的较大的市及计划单列市的人民代表大会及其常务委员会、人民政府）依据宪法和相关法律制定的环境保护规范性文件。

这些规范性文件是根据本地实际情况和特定环境问题制定的，并在本地区实施，有较强的可操作性。

环境保护地方性法规和地方性规章不能和法律、国务院行政规章相抵触。

2.3 环境影响评价标准体系

2.3.1 生态环境标准

（1）生态环境标准定义

《生态环境标准管理办法》第三条：“本办法所称生态环境标准，是指由国务院生态环境主管部门和省级人民政府依法制定的生态环境保护工作中需要统一的各项技术要求。”制定的目的：为防治环境污染，维护生态平衡，保护人体健康。

（2）标准的名称

标准的完整名称包括标准名称和标准编号，标准编号又包括标准代号、标准发布顺序号和标准发布年号。以《环境空气质量标准》（GB 3095—2012）为例：“环境空气质量标准”为标准名称；“GB 3095—2012”为标准编号。其中，GB 为标准代号，意为国家标准；“3095”为标准发布顺序号，由标准的发布机构按照标准发布的时间顺序依次分配，一个标准只有唯一的顺序号；2012 为标准发布年号，表示该标准在 2012 年发布，非该标准实施的时间。

（3）生态环境标准的地位和作用

生态环境标准是制定环境规划和环境计划的主要依据。

生态环境标准是环境影响评价的准绳。

生态环境标准是环境管理的技术基础。

生态环境标准是提高环境质量的重要手段。

2.3.2 生态环境标准体系

（1）生态环境标准体系的概念

各种不同生态环境标准依其性质功能及其客观的内在联系，相互依存、相互衔接、相互补充、相互制约所构成的一个有机整体。

（2）生态环境标准体系的分类分级（二级六类）

生态环境标准分为国家生态环境标准（GB 和 HJ）和地方生态环境标准（DB）。

国家生态环境标准包括国家生态环境质量标准、国家生态环境风险管控标准、国家污染物排放标准、国家生态环境监测标准、国家生态环境基础标准和国家生态环境管理技术规范。

地方生态环境标准包括地方生态环境质量标准、地方生态环境风险管控标准、地方污染物排放标准和地方其他生态环境标准。

2.3.3 生态环境标准的分类

（1）生态环境质量标准

为保护生态环境，保障公众健康，增进民生福祉，促进经济社会可持续发展，限制环境中有害物质和因素，制定生态环境质量标准。①

生态环境质量标准是一定时期内衡量环境优劣程度的标准，往往是对污染物质的最高允许含量的要求，从某种意义上讲是环境质量的目标标准，是开展生态环境质量目标管理的技术依据，是整个环境标准体系的基础。

环境基准指生态环境中污染物或有害因素对特定对象（一般为人和生物）产生有害影响的最大剂量或水平。

环境基准是依据科学实验的结果制定的，并没有考虑到社会、经济等条件的影响。制定生态环境质量标准，应当反映生态环境质量特征，以生态环境基准研究成果为依据，与经济社会发展和公众生态环境质量需求相适应，科学合理确定生态环境保护目标。

实施大气、水、海洋、声环境质量标准，应当按照标准规定的生态环境功能类型划分功能区，明确适用的控制项目指标和控制要求，并采取措施达到生态环境质量标准的要求。

实施核与辐射安全基本标准，应当确保核与辐射的公众暴露风险可控。

（2）生态环境风险管控标准

为保护生态环境，保障公众健康，推进生态环境风险筛查与分类管理，维护生态环

① 见《生态环境标准管理办法》第十条。

境安全，控制生态环境中的有害物质和因素，制定生态环境风险管控标准。[①]

生态环境风险管控标准包括土壤污染风险管控标准以及法律法规规定的其他环境风险管控标准。生态环境风险管控标准是开展生态环境风险管理的技术依据。

（3）污染物排放标准

为改善生态环境质量，控制排入环境中的污染物或者其他有害因素，根据生态环境质量标准和经济、技术条件，制定污染物排放标准。[②]

污染物排放标准根据适用对象分为行业型、综合型、通用型、流域（海域）或者区域型污染物排放标准。

行业型污染物排放标准适用于特定行业或者产品污染源的排放控制；综合型污染物排放标准适用于行业型污染物排放标准适用范围以外的其他行业污染源的排放控制；通用型污染物排放标准适用于跨行业通用生产工艺、设备、操作过程或者特定污染物、特定排放方式的排放控制；流域（海域）或者区域型污染物排放标准适用于特定流域（海域）或者区域范围内的污染源排放控制。

污染物排放标准规定的污染物排放方式、排放限值等是判定污染物排放是否超标的技术依据。

（4）生态环境监测标准

为监测生态环境质量和污染物排放情况，开展达标评定和风险筛查与管控，规范布点采样、分析测试、监测仪器、卫星遥感影像质量、量值传递、质量控制、数据处理等监测技术要求，制定生态环境监测标准。[③]

（5）生态环境基础标准

统一规范生态环境标准的制订技术工作和生态环境管理工作中具有通用指导意义的技术要求，制定生态环境基础标准，包括生态环境标准制订技术导则，生态环境通用术语、图形符号、编码和代号（代码）及其相应的编制规则等。[④]

（6）生态环境管理技术规范

为规范各类生态环境保护管理工作的技术要求，制定生态环境管理技术规范，包括大气、水、海洋、土壤、固体废物、化学品、核与辐射安全、声与振动、自然生态、应对气候变化等领域的管理技术指南、导则、规程、规范等。[⑤]

（7）地方标准

地方生态环境标准包括地方生态环境质量标准、地方生态环境风险管控标准、地方

---

① 见《生态环境标准管理办法》第十五条。
② 见《生态环境标准管理办法》第二十条。
③ 见《生态环境标准管理办法》第二十六条。
④ 见《生态环境标准管理办法》第三十二条。
⑤ 见《生态环境标准管理办法》第三十六条。

污染物排放标准和地方其他生态环境标准。地方生态环境标准在发布该标准的省、自治区、直辖市行政区域范围或者标准指定区域范围执行。

地方生态环境质量标准、地方生态环境风险管控标准和地方污染物排放标准可以对国家相应标准中未规定的项目作出补充规定，也可以对国家相应标准中已规定的项目作出更加严格的规定。

对本行政区域内没有国家污染物排放标准的特色产业、特有污染物，或者国家有明确要求的特定污染源或者污染物，应当补充制定地方污染物排放标准。

有下列情形之一的，应当制定比国家污染物排放标准更严格的地方污染物排放标准：

产业密集、环境问题突出的；现有污染物排放标准不能满足行政区域内环境质量要求的；行政区域环境形势复杂，无法适用统一的污染物排放标准的。

（8）其他相关标准

在环境影响评价中，涉及的绝大部分的标准为生态环境标准，但也会涉及其他领域的标准，如城乡规划建设标准（CJ）、水利标准（SL）等。

2.3.4　标准的执行

（1）标准执行等级的确定

环境要素的环境质量标准的执行等级由该环境要素的环境功能区划确定。

污染物排放标准的执行等级由排放点或排放区域边界上的环境要素环境质量标准的等级确定。

（2）标准的执行顺序

1）地方污染物排放标准优先于国家污染物排放标准；地方污染物排放标准未规定的项目，应当执行国家污染物排放标准的相关规定。

2）同属国家污染物排放标准的，行业型污染物排放标准优先于综合型和通用型污染物排放标准；行业型或者综合型污染物排放标准未规定的项目，应当执行通用型污染物排放标准的相关规定。

3）同属地方污染物排放标准的，流域（海域）或者区域型污染物排放标准优先于行业型污染物排放标准，行业型污染物排放标准优先于综合型和通用型污染物排放标准。流域（海域）或者区域型污染物排放标准未规定的项目，应当执行行业型或者综合型污染物排放标准的相关规定；流域（海域）或者区域型、行业型或者综合型污染物排放标准均未规定的项目，应当执行通用型污染物排放标准的相关规定。

（3）强制性标准与推荐性标准

国家和地方生态环境质量标准、生态环境风险管控标准、污染物排放标准和法律法规规定强制执行的其他生态环境标准，以强制性标准的形式发布。法律法规未规定强制执行的国家和地方生态环境标准，以推荐性标准的形式发布。

强制性生态环境标准必须执行。推荐性生态环境标准被强制性生态环境标准或者规章、行政规范性文件引用并赋予其强制执行效力的，被引用的内容必须执行，推荐性生态环境标准本身的法律效力不变。

习 题

1. 名词解释

（1）环境影响评价制度；（2）“三同时”原则；（3）生态环境质量标准；（4）污染物排放标准。

2. 请简述我国环境影响评价制度的特点。

3. 根据《建设项目环境保护管理条例》，建设单位应当在什么环节将环境影响报告书（表）报有审批权的部门审批？

4. 简要说明对建设项目环境影响评价进行分类管理的依据。

5.《建设项目环境影响评价分类管理名录（2021 年版）》未作规定的建设项目，是否纳入环境影响评价管理程序中？

6. 根据《建设项目环境影响评价分类管理名录》，所称环境敏感区包括哪些？

7. 根据《建设项目环境影响报告书（表）编制监督管理办法》，什么单位不可以作为建设项目环境影响报告书（表）编制单位？

8. 请简述在我国环境影响评价制度的法律保障体系中，法律、行政法规、部门规章、地方性法规规章的区别与联系。

9. 根据《生态环境标准管理办法》，生态环境标准如何进行分类分级的？

10. 请回答，根据《污水综合排放标准》，排入地表水的污水排放标准如何分级，排入海水的如何分级？

11. 请说明以下两个项目应该编制环境影响报告书、编写环境影响报告表，还是填报环境影响登记表。

（1）某新建收集、暂存铅酸蓄电池项目。

（2）某塑胶有限公司年产 80 万 t 煤制烯烃项目，主产品聚丙烯（PP）、聚乙烯（PE），同时副产液化石油气、汽油、碳五+（C_5+）、硫黄等产品。

第3章

建设项目环境影响评价的程序与内容

3.1 建设项目环境影响评价程序

3.1.1 环境影响评价程序的概念

环境影响评价程序指按一定的顺序或步骤指导完成环境影响评价工作的过程。环境影响评价程序作为环境影响评价制度的一部分，具有法律强制性的特点。

3.1.2 环境影响评价程序的分类

环境影响评价程序分为管理程序和工作程序。

管理程序用于指导环境影响评价的监督与管理，是各级生态环境主管部门执行的程序；工作程序用于指导环境影响评价的工作内容和进程，是环评编制单位和人员编制环境影响评价文件时执行的程序。

3.1.3 环境影响评价应遵循的原则

突出环境影响评价的源头预防作用，坚持保护和改善环境质量。

（1）依法评价

贯彻执行我国环境保护相关法律法规、标准、政策和规划等，优化项目建设，服务环境管理。

（2）科学评价

规范环境影响评价方法，科学分析项目建设对环境质量的影响。

（3）突出重点

根据建设项目的工程内容及其特点，明确与环境要素间的作用效应关系，根据规划环境影响评价结论和审查意见，充分利用符合时效的数据资料及成果，对建设项目主要环境影响予以重点分析和评价。

3.2 生态环境主管部门的管理任务

3.2.1 环境影响评价的体系建设

1）国务院生态环境主管部门应当会同国务院有关部门，组织建立和完善环境影响评价的基础数据库和评价指标体系。

2）国务院生态环境主管部门制定并公布建设项目的环境影响评价分类管理名录。

3）国务院生态环境主管部门制定环境影响报告表和环境影响登记表的内容和格式。

4）国务院生态环境主管部门应当制定建设项目环境影响报告书、环境影响报告表编制的能力建设指南和监管办法。

5）生态环境部负责建设全国统一的环境影响评价信用平台，组织建立编制单位和编制人员诚信档案管理体系。信用平台纳入全国生态环境领域信用信息平台统一管理。

3.2.2 环境影响评价的监督管理

设区的市级以上生态环境主管部门（以下简称市级以上生态环境主管部门）应当加强对编制单位的监督管理和质量考核，开展环境影响报告书（表）编制行为监督检查和编制质量问题查处，并对编制单位和编制人员实施信用管理。

负责审批建设项目环境影响报告书、环境影响报告表的生态环境主管部门应当将编制单位、编制主持人和主要编制人员的相关违法信息记入社会诚信档案，并纳入全国信用信息共享平台和国家企业信用信息公示系统向社会公布。

3.2.3 环境影响评价文件的审批流程

（1）环境影响评价文件的报批

建设项目的环境影响评价文件，由建设单位按照国务院的规定报有审批权的生态环境主管部门审批；建设项目有行业主管部门的，其环境影响报告书或者环境影响报告表应当经行业主管部门预审后，报有审批权的生态环境主管部门审批。

（2）环境影响评价文件的审批

各级生态环境主管部门在环境影响报告书（表）审批过程中，应当对报批的环境影响报告书（表）进行编制质量检查；发现环境影响报告书（表）基础资料明显不实，内容存在重大缺陷、遗漏或者虚假，或者环境影响评价结论不正确、不合理的，不予批准。

审批部门应当自收到环境影响报告书之日起六十日内，收到环境影响报告表之日起三十日内，分别作出审批决定并书面通知建设单位。国家对环境影响登记表实行备案管理。

（3）环境影响评价文件的审批原则

生态环境主管部门审批环境影响评价文件的原则：是否符合国家产业政策；是否符合区域发展规划与环境功能规划；是否符合清洁生产的原则，采用了最佳可行技术来控制环境污染；是否做到污染物达标排放；是否满足国家和地方规定的污染物总量控制指标；建成后是否能维持地区环境质量。

3.2.4　环境影响评价审批后的管理

（1）建设项目发生重大变动的管理措施

建设项目的环境影响评价文件经批准后，建设项目的性质、规模、地点、采用的生产工艺或者防治污染、防止生态破坏的措施发生重大变动的，建设单位应当重新报批建设项目的环境影响评价文件。

（2）建设项目长期未建设的管理措施

建设项目的环境影响评价文件自批准之日起超过五年，方决定该项目开工建设的，其环境影响评价文件应当报原审批部门重新审核；原审批部门应当自收到建设项目环境影响评价文件之日起十日内，将审核意见书面通知建设单位。

（3）建设项目环境影响的跟踪检查

生态环境主管部门应当对建设项目投入生产或者使用后所产生的环境影响进行跟踪检查，对造成严重环境污染或者生态破坏的，应当查清原因、查明责任。对属于建设项目环境影响报告书、环境影响报告表存在基础资料明显不实，内容存在重大缺陷、遗漏或者虚假，环境影响评价结论不正确或者不合理等严重质量问题的，追究建设单位及其相关责任人员和接受委托编制建设项目环境影响报告书、环境影响报告表的技术单位及其相关人员的法律责任；属于审批部门工作人员失职、渎职，对依法不应批准的建设项目环境影响报告书、环境影响报告表予以批准的，追究其法律责任。

（4）环境影响评价文件的复核

生态环境部定期或者根据实际工作需要不定期抽取一定比例地方生态环境主管部门或者其他有关审批部门审批的环境影响报告书（表）开展复核，对抽取的环境影响报告书（表）进行编制规范性检查和编制质量检查。

省级生态环境主管部门可以对本行政区域内下级生态环境主管部门或者其他有关审批部门审批的环境影响报告书（表）开展复核。

3.3 建设项目环境影响评价的工作程序

3.3.1 工作程序流程

建设项目的环境影响评价的工作程序，由《建设项目环境影响评价技术导则 总纲》（HJ 2.1—2016）规定，见图 3-1。

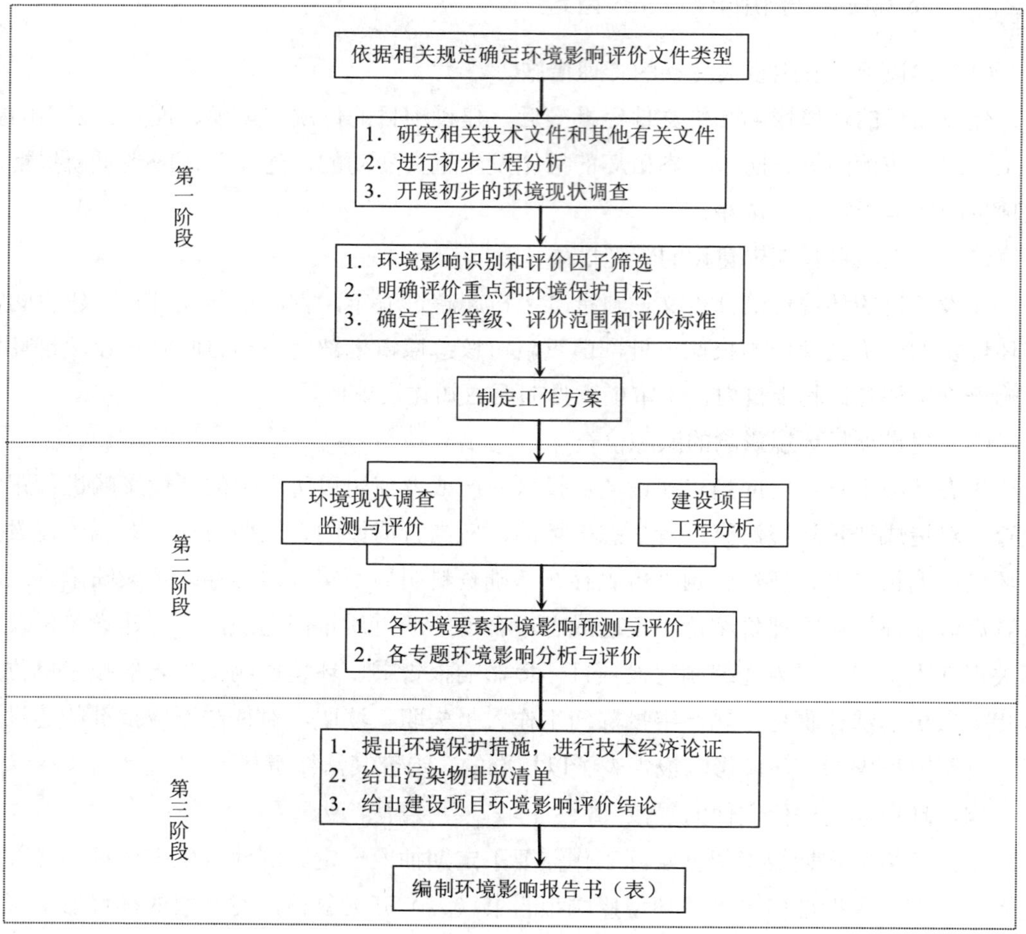

图 3-1 建设项目环境影响评价工作程序

建设项目环境影响评价的工作程序分为 3 个阶段：调查分析和工作方案制定阶段（准备阶段）、分析论证和预测评价阶段（正式工作阶段）、环境影响报告编制阶段（编制阶段）。

3.3.2 准备阶段

在调查分析和工作方案制定阶段主要完成以下工作：

（1）确定环境影响评价文件的类型

根据建设项目特征和所在区域的环境敏感程度，按照《建设项目环境影响评价分类管理名录》确定。

（2）研究有关文件

主要包括国家和地方的法律法规、发展规划和环境功能区划、技术导则和相关标准、建设项目依据、可行性研究资料及其他有关技术资料。

（3）进行初步的环境现状调查和初步的工程分析

明确建设项目的工程组成，根据工艺流程确定排污环节和主要的污染物，同时进行建设项目环境影响区的环境现状调查。

（4）筛选评价重点

结合初步的工程分析结果和环境现状调查资料，识别建设项目的环境影响因素，筛选主要的环境影响评价因子，明确评价重点。

（5）确定工作等级和范围

确定各单项环境要素或专题评价的评价工作等级和评价范围。

（6）确定评价标准

主要确定各环境要素应执行的环境质量标准等级和对应的污染物排放标准。

3.3.3 正式工作阶段

在分析论证和预测评价阶段主要进行以下工作：

（1）进一步的工程分析

通过对工程进行详细的分析、调查和计算，阐明建设项目概况，找出主要影响因素和污染源，并核算出污染源源强。

（2）详细的环境现状调查与评价

进行充分的环境现状调查、监测，开展环境质量现状评价。

（3）环境影响预测与评价

根据污染源源强和环境现状资料进行建设项目的各环境要素和专题环境影响预测，并评价建设项目的环境影响。

（4）开展公众参与

征求有关单位、专家和公众对环境影响报告书（草案）的意见。

3.3.4 编制阶段

从环境保护的角度确定项目建设的可行性，给出评价结论和提出进一步缓解环境影响的建议，并最终完成环境影响报告书或报告表的编制。

3.4 建设项目的基础性分析

3.4.1 基础性分析的内容与目的

在环境影响评价开展前，应首先分析判定建设项目选址选线、规模、性质和工艺路线等与国家和地方有关环境保护法律法规、标准、政策、规范、相关规划、规划环境影响评价结论及审查意见的符合性，并与生态保护红线、环境质量底线、资源利用上线和环境准入负面清单进行对照。

基础性分析是开展环境影响评价工作的前提和基础，可以减少环境影响评价工作的盲目性，排除完全不符合环境相容性的建设项目。

3.4.2 选址选线环境合理性分析

从环境制约因素、环境影响程度等方面分析选址选线的环境合理性，有不同方案的应进行环境影响对比分析，从环境角度提出推荐方案。

影响选址选线制约因素包括审批政策、规划、交通条件、环境承载力等方面。作为环境影响评价，环境承载力是考查选址选线环境合理性重点，调查是否涉及环境敏感区，是否涉及环境现状不达标区，排放污染物和环境风险是否会不可控。

3.4.3 法律法规政策的符合性分析

分析建设项目在行为上是否符合生态环境相关法律法规政策的要求。例如，是否符合《产业结构调整指导目录》，是否符合《危险化学品安全管理条例》（涉及储存或生产化学品的项目），是否符合国家与地方环境保护文件的要求。

3.4.4 与相关规划的符合性分析

分析建设项目与相关规划以及规划环境影响评价结论及审查意见的符合性。

相关规划是指建设项目所依据的流（区）域、交通等行业或专项规划等相关规划。

3.4.5　“三线一单”的符合性分析

生态保护红线：在生态空间范围内具有特殊重要生态功能、必须强制性严格保护的区域，如重要的水源涵养区、生物多样性维护区等。

国家在重点生态功能区、生态环境敏感区和脆弱区等区域划定生态保护红线，实行严格保护。

各级人民政府对具有代表性的各种类型的自然生态系统区域，珍稀、濒危的野生动植物自然分布区域，重要的水源涵养区域，具有重大科学文化价值的地质构造、著名溶洞和化石分布区、冰川、火山、温泉等自然遗迹，以及人文遗迹、古树名木，应当采取措施予以保护，严禁破坏。[①]

环境质量底线：结合环境质量现状和相关规划、功能区划要求，确定并分区域分阶段达到的环境质量目标，以及对环境管控、污染物排放控制的相应要求。

资源利用上线：以保障生态安全和改善环境质量为目的，根据自然资源资产负债表，提出的分区域分阶段的资源开发利用总量、强度、效率等的上线管控要求。

生态环境准入清单：基于环境管控单元，统筹考虑上述“三线”的管控要求，提出的空间布局、污染物排放、环境风险等方面的禁止和限制的环境准入要求。

“三线”分别代表了空间的约束、质量的保证和资源的合理利用；基于上述“三线”的要求，“一单”提出了空间布局、污染物排放、环境风险等方面的禁止和限制的环境准入要求。“三线一单”制度旨在推进生态环境保护精细化管理、强化国土空间环境管控、推进绿色高质量发展。

3.5　准备阶段工作的内容与方法

3.5.1　环境影响因素识别

（1）环境影响因素识别的内容

列出建设项目的直接和间接行为，结合建设项目所在区域发展规划、环境保护规划、环境功能区划、生态功能区划及环境现状，分析可能受上述行为影响的环境影响因素。

应明确建设项目在建设阶段、生产运行、服务期满后（可根据项目情况选择）等不同阶段的各种行为与可能受影响的环境要素间的作用效应关系、影响性质、影响范围、影响程度等，定性分析建设项目对各环境要素可能产生的污染影响与生态影响，包括有

① 见《中华人民共和国环境保护法》第二十九条。

利与不利影响、长期与短期影响、可逆与不可逆影响、直接与间接影响、累积与非累积影响等。

（2）环境影响因素识别的方法

环境影响因素识别可采用矩阵法、网络法、地理信息系统支持下的叠加图法等。

3.5.2 评价因子筛选

根据建设项目的特点、环境影响的主要特征，结合区域环境功能要求、环境保护目标、评价标准和环境制约因素，筛选确定评价因子。

3.5.3 环境影响评价工作等级的划分

（1）环境影响评价等级的含义

建设项目的环境影响评价按环境要素或专题评价分别划分评价等级，一般分为 3 个等级，一级评价最详细，二级次之，三级较简略。

一级评价：要对单项环境要素或专题评价的环境影响进行全面、详细、深入的评价，应当采用定量化计算来描述完成。

二级评价：要对单项环境要素或专题评价的重点环境影响进行详细、深入的评价，一般采用定量化计算和定性的描述来完成。

三级评价：要对单项环境要素或专题评价的环境影响进行一般评价，通过定性的描述完成。

三级都达不到的单项评价，可进行影响分析。

（2）环境影响评价等级的划分依据

按建设项目的特点、所在地区的环境特征、相关法律法规、标准及规划、环境功能区划等划分各环境要素、各专题评价工作等级。

要得到确定环境影响评价等级的数据，要先期进行环境现状初步调查和初步工程分析。

（3）环境影响评价工作等级划分的注意事项

工作等级的划分是针对环境要素或专题评价来说的。

工作等级的具体划分方法由环境要素或专题的环境影响评价技术导则规定，由相应的专项评价技术导则确定。

对于某一建设项目，在划分工作等级时，根据建设项目对环境的影响、所在地区的环境特征、当地对环境的特殊要求以及是否进行规划环评等情况作适当调整，但调整幅度上下不能超过一级。

3.5.4　环境影响评价范围的确定

环境影响评价范围指建设项目整体实施后可能对环境造成的影响范围。

评价范围的确定具体根据环境要素和专题环境影响评价技术导则的要求确定。环境影响评价技术导则中未明确具体评价范围的，根据建设项目可能影响范围确定。

3.5.5　环境保护目标的确定

依据环境影响因素识别结果，附图并列表说明评价范围内各环境要素涉及的环境敏感区、需要特殊保护对象的名称、功能、与建设项目的位置关系以及环境保护要求等。

环境保护目标的确定与各环境要素的特点密切相关，具体根据环境要素和环境影响评价技术导则的要求确定。

3.5.6　评价标准的确定

根据环境影响评价范围内各环境要素的环境功能区划确定各评价因子适用的环境质量标准及相应的污染物排放标准。尚未划定环境功能区的区域，由地方人民政府生态环境主管部门确认各环境要素应执行的环境质量标准和相应的污染物排放标准。

3.6　正式工作的内容与方法

分析论证和预测评价阶段的内容是环境影响评价工作的主要部分，其成果在环境影响评价报告书中往往形成评价专项或评价专章。

3.6.1　工程分析

（1）工程分析的重要性

工程分析是环境影响评价中分析项目建设影响环境内在因素的重要环节，是整个环评工作的基础与关键。工程分析是环评报告书（表）必备专题，是衡量环评工作成败及质量高低的关键。

（2）工程分析的分类

由于建设项目对环境影响的表现不同，工程分析分为以污染影响为主的污染型建设项目的工程分析和以生态破坏为主的生态影响型建设项目的工程分析。

（3）工程分析的内容

工程分析应对建设项目全部项目组成和所有时段的全部行为过程的环境影响因素及其影响特征、强度、方式等进行详细分析与说明。

工程分析的内容主要包括建设项目概况、影响因素分析和污染源源强核算。

1）建设项目概况

包括主体工程、辅助工程、公用工程、环保工程、储运工程以及依托工程等。

以污染影响为主的建设项目应明确项目组成、建设地点、原辅料、生产工艺、主要生产设备、产品方案、平面布置、建设周期、总投资及环境保护投资等。

以生态影响为主的建设项目应明确项目组成、建设地点、占地规模、总平面、现场布置、施工方式、施工时序、建设周期和运行方式、总投资及环境保护投资等。

改扩建及易地搬迁建设项目还应包括现有工程的基本情况、污染物排放及达标情况、存在的环境保护问题及拟采取的整改方案等内容。

2）影响因素分析

①污染影响因素分析步骤：

选择可能对环境产生较大影响的主要因素进行深入分析。

绘制包含产污环节的生产工艺流程图；分析污染物产生、排放情况（包括正常工况和开停工及维修等非正常工况），如噪声、振动、放射性及电磁辐射等污染；说明各环境影响减缓措施状况。

明确项目消耗的原料、辅料、燃料、水资源情况。

开展环境风险因素识别。

②生态影响因素分析步骤：

结合建设项目特点和区域环境特征，分析建设项目建设和运行过程（包括施工方式、施工时序、运行方式、调度调节方式等）对生态环境的作用因素与影响源、影响方式、影响范围和影响程度。重点为影响程度大、范围广、历时长或涉及环境敏感区的作用因素和影响源，关注间接性影响、区域性影响、长期性影响以及累积性影响等特有生态影响因素的分析。

3）污染源源强核算

根据污染物产生环节（包括生产、装卸、储存、运输）、产生方式和治理措施，核算建设项目有组织与无组织、正常工况与非正常工况下的污染物产生和排放强度，给出污染因子及其产生和排放的方式、浓度、数量等。

对改扩建项目的污染物排放量（包括有组织与无组织、正常工况与非正常工况）的统计，应分别按现有、在建、改扩建项目实施后等几种情形汇总污染物产生量、排放量及其变化量，核算改扩建项目建成后最终的污染物排放量。

污染源源强核算方法由《污染源源强核算技术指南　准则》（HJ 884）具体规定。

（4）工程分析的方法

一般地讲，建设项目的工程分析都应依据项目规划、可行性研究和设计方案等技术资料进行。在可行性研究阶段所能提供的工程技术资料不能满足工程分析的需要时，可以根据具体情况选用其他适用的方法进行工程分析。

目前可供选择的方法有类比法、物料衡算法和资料复用法。

1）类比法

类比法是用与拟建项目类型相同的现有项目的设计资料或实测数据进行工程分析的一种常用方法。

采用此方法时，为提高类比数据的准确性，应充分注意分析对象与类比对象之间的相似性和可比性，包括：

①工程一般特征的相似性（建设项目性质、规模、车间组成、产品结构、工艺路线、生产方法、原料、燃料来源与成分、用水量和设备类型等）；

②污染物排放特征的相似性（污染物排放类型、浓度、强度与数量、排放方向与去向、污染方式和途径等）；

③环境特征的相似性（气象条件、地貌、生态特点等）。

类比法常用单位产品的经验排污系数去计算污染物排放量。但要根据生产规模等工程特征和生产管理以及外部因素等实际情况进行必要的修正。

经验排污系数法公式：

$$A=AD\times M \tag{3-1}$$

$$AD=BD-(aD+bD+cD+dD) \tag{3-2}$$

式中，A —— 某污染物的排放总量；

AD —— 单位产品某污染物的排放定额；

M —— 产品总产量；

BD —— 单位产品投入或生产的某污染物量；

aD —— 单位产品中某污染物的量；

bD —— 单位产品所生成的副产物、回收品中某污染物的量；

cD —— 单位产品分解转化掉的污染物量；

dD —— 单位产品被净化处理掉的污染物量。

2）物料衡算法

物料衡算法是用于计算污染物排放量的常规和最基本的方法。在具体建设项目产品方案、工艺路线、生产规模、原材料和能源消耗，以及治理措施确定的情况下，运用质量守恒定律核算污染物排放量，即在生产过程中投入系统的物料总量必须等于产品数量和物料流失量之和。

其计算公式如下：

$$\sum G_{投入}=\sum G_{产品}+\sum G_{流失} \tag{3-3}$$

式中，$\sum G_{投入}$ —— 投入系统的物料总量；

$\sum G_{产品}$ —— 产出产品总量；

$\sum G_{流失}$ —— 物料流失总量。

当投入的物料在生产过程中发生化学反应时，可按下列总量法公式进行衡算：

$$\sum G_{排放}=\sum G_{投入}-\sum G_{回收}-\sum G_{处理}-\sum G_{转化}-\sum G_{产品} \tag{3-4}$$

式中，$\sum G_{投入}$ —— 投入物料中的某污染物总量；

$\sum G_{产品}$ —— 进入产品结构中的某污染物总量；

$\sum G_{回收}$ —— 进入回收产品中的某污染物总量；

$\sum G_{处理}$ —— 经净化处理掉的某污染物总量；

$\sum G_{转化}$ —— 生产过程中被分解、转化的某污染物总量；

$\sum G_{排放}$ —— 某污染物的排放量。

对某单元过程或某工艺操作进行物料衡算，可以确定这些单元工艺过程、单一操作的污染物产生量，如对管道和泵输送、吸收过程、分离过程、反应过程等进行物料衡算，可以核定这些加工过程的物料损失量，从而了解污染物产生量。

工程分析中常用的物料衡算有总物料衡算、有毒有害物料衡算、有毒有害元素物料衡算。

在可研文件提供的基础资料比较翔实或对生产工艺熟悉的条件下，应优先采用物料衡算法计算污染物排放量，理论上讲，该方法最精确。

3）资料复用法

资料复用法是利用同类工程已有的环境影响评价资料或可行性研究报告等资料进行工程分析的方法。虽然此方法较为简便，但所得数据的准确性很难保证，所以只能在评价工作等级较低的建设项目工程分析中使用。

4）分析方法对比

类比法：工作量大，所得结果较准确，在同类工程已有某种污染物的排放系数时，可以直接利用此系数计算建设项目该种污染物的排放量，并且在污染源较少时使用。电厂项目环评常用。

物料衡算法：以理论计算为基础，比较简单。项目工艺流程比较复杂、污染源较多时使用。钢铁项目、化工项目环境影响评价常用。

资料复用法：最为简便，但所得数据准确性差。评价时间短，且评价工作等级较低时使用。

3.6.2 环境现状调查与评价

(1) 环境现状调查的目的

掌握环境现状或本底，为环境影响预测、评价和累积效应分析以及投产后进行环境管理提供基础数据。

(2) 环境现状调查的基本要求

对与建设项目有密切关系的环境要素应全面、详细调查，给出定量的数据并作出分析或评价。对于自然环境的现状调查，可根据建设项目情况进行必要说明。

充分收集和利用评价范围内各例行监测点、断面或站位近 3 年的环境监测资料或背景值调查资料，当现有资料不能满足要求时，应进行现场调查和测试，现状监测和观测网点应根据各环境要素环境影响评价技术导则要求布设，兼顾均布性和代表性原则。符合相关规划环境影响评价结论及审查意见的建设项目，可直接引用符合时效的相关规划环境影响评价的环境调查资料及有关结论。

(3) 环境现状调查与评价内容

环境现状调查与评价内容包括自然环境现状调查与评价、环境保护目标调查、环境质量现状调查与评价和区域污染源调查。

现状调查与评价开展的具体内容，应根据环境影响因素识别结果来确定。

1) 自然环境现状调查与评价

包括地形地貌、气候与气象、地质、水文、大气、地表水、地下水、声、生态、土壤、海洋、放射性及辐射（如必要）等调查内容。根据环境要素和专题设置情况选择相应内容进行详细调查。

2) 环境保护目标调查

调查评价范围内的环境功能区划和主要的环境敏感区，详细了解环境保护目标的地理位置、服务功能、四至范围、保护对象和保护要求等。

3) 环境质量现状调查与评价

根据建设项目特点、可能产生的环境影响和当地环境特征选择环境要素进行调查与评价；评价区域环境质量现状，说明环境质量的变化趋势，分析区域存在的环境问题及产生的原因。

4) 区域污染源调查

选择建设项目常规污染因子和特征污染因子、影响评价区环境质量的主要污染因子和特殊污染因子作为主要调查对象，注意不同污染源的分类调查。

(4) 环境现状调查的方法

环境现状调查的方法主要有以下 3 种：

①收集资料法：应用范围广，收效大，节省人力、物力和时间，是首选方法。缺点是收集的资料属于二手资料，不全面，很难满足要求，需要其他方法补充。

②现场调查法：直接获得第一手资料。缺点是工作量大，需占用大量的人力物力和时间，有时受客观条件限制。

③遥感法：从整体上了解区域的环境特点，可以弄清人类无法到达地区的环境现状。缺点是不够准确，只能做辅助性环境现状调查（航空和卫星图片等）。

环境现状调查方法受环境要素的特点影响极大，具体方法由环境要素环境影响评价技术导则具体规定。

3.6.3 区域污染源调查与评价

（1）污染源调查的目的与对象

污染源调查目的是厘清建设项目评价范围内或与建设项目有关联的污染物的种类、数量、方式、途径及污染源的类型和位置。

污染源调查首先根据建设项目的特点和当地环境状况，确定污染源调查的主要对象，包括大气污染源、水污染源、固体废物、风险等。

（2）污染源调查的范围

不同对象应根据专项导则确定的评价工作等级，确定污染源调查的范围：

一级评价要求调查评价区内所有的污染源和拟建项目的污染源。特别情况下，还应调查评价区外的污染源。

二级评价需调查评价区内与拟建项目相关的污染源和拟建项目的污染源。

三级评价可只调查拟建项目的污染源。

（3）污染源调查因子

应选择建设项目等标排放量较大的污染因子、评价区已造成严重污染的污染因子，以及区域或拟建项目的特殊污染因子作为主要污染因子，注意点源与非点源的分类调查。

（4）污染源调查方法

一般采用普查与详查相结合的方法。对于排放量大、影响范围广、危害严重的重点污染源，应进行详查。非重点污染源采用普查。

对污染物排放量的计算，一般有以下 3 种方法：物料衡算法、经验系数法和实测计算法。

1）物料衡算法

用质量平衡法建立污染物发生模型，是物质不灭定律在污染源评价中的应用，该模型的推导来自物质总体的质量平衡。

在生产过程中，投入的物料量等于产品所含这种物料的量与这种物料流失量的总和。

该方法常用于有特征元素的污染物的计算。

2）经验系数法

根据生产过程中单位产品的经验排污系数计算污染物的排放量。该方法一般用于有成熟工艺的项目。

3）实测计算法

对污染源进行现场测定，得到污染物的排放浓度和流量，然后计算出排放量。这种方法只适用于已投产的污染源。

如果有业内普遍认同且为近期的数据，可以直接采用，如全国污染源普查结果、对企业例行监测的结果及已批复但未投产项目的环境影响评价的结论等。

（5）污染源评价的目的

污染源评价的目的是要把标准各异、量纲不同的污染源和污染物的排放量，通过一定的数学方法变成一个统一的可比较值，从而确定出主要的污染物和污染源。

（6）污染源评价的方法

等标污染负荷法是目前污染源评价最常用的方法。

1）等标污染负荷

等标污染负荷是某种污染物的年排放量与该污染物的评价标准的比值，如第 i 个污染源中第 j 种污染物的等标污染负荷具体为

$$P_{ij} = G_{ij} / C_{ij} \tag{3-5}$$

式中，G_{ij} —— 第 i 个污染源中第 j 种污染物的年排放量，t/a；

C_{ij} —— 第 i 个污染源中第 j 种污染物的评价标准，按要求选择标准。

2）污染源的等标污染负荷

污染源的等标污染负荷是该污染源所有污染物的等标负荷之和，如第 i 个污染源的等标污染负荷 P_i 为

$$P_i = \sum_{j=1}^{n} P_{ij} \tag{3-6}$$

3）区域污染物的等标污染负荷

区域中污染物的等标污染负荷是区域中所有污染源中该污染物的等标负荷之和，如第 j 种污染物的等标污染负荷 P_j 为

$$P_j = \sum_{i=1}^{n} P_{ij} \tag{3-7}$$

4）区域的等标污染负荷

区域的等标污染负荷是该区域内所有污染源的等标负荷之和，定义为

$$P=\sum_{i=1}^{n}\sum_{j=1}^{n}P_{ij} \tag{3-8}$$

5）等标污染负荷比

等标污染负荷比是污染源或污染物占总污染物总污染负荷的比例，如第 j 种污染物的等标污染负荷比为

$$K_j=\frac{P_j}{P} \tag{3-9}$$

6）污染源占区域的等标污染负荷比

如第 i 个污染源占区域的等标污染负荷比为

$$K_i=\frac{P_i}{P} \tag{3-10}$$

（7）主要污染物和主要污染源的确定

将污染物按等标污染负荷的大小排列，从小到大计算累计百分比，将累计百分比大于 80%（如导则或法规有具体要求，该比例以导则或法规要求为准）的污染物列为主要污染物。百分比列首位的污染物称为首要污染物。

将污染源按等标污染负荷的大小排列，从小到大计算累计百分比，将累计百分比大于 80%（如导则或法规有具体要求，该比例以导则或法规要求为准）的污染源列为主要污染源。百分比列首位的污染源称为首要污染源。

3.6.4 环境影响预测与评价

（1）环境影响预测与评价的目的

环境影响预测是预测建筑项目建成后能代表评价区的各种环境质量参数的变化。环境影响评价是根据影响预测的结果，确定建设项目建成后环境质量状况。

（2）环境影响预测与评价的基本要求

①环境影响预测与评价的时段、内容及方法均应根据工程特点与环境特性、评价工作等级、当地的环境保护要求确定。

②预测和评价的因子应包括反映建设项目特点的常规污染因子、特征污染因子和生态因子，以及反映区域环境质量状况的主要污染因子、特殊污染因子和生态因子。

③须考虑环境质量背景与环境影响评价范围内在建项目同类污染物环境影响的叠加。

④对于环境质量不符合环境功能要求或环境质量改善目标的，应结合区域限期达标

规划对环境质量变化进行预测。

（3）环境影响预测与评价内容

①应重点预测建设项目生产运行阶段正常工况和非正常工况等情况的环境影响。

②当建设阶段的大气、地表水、地下水、噪声、振动、生态以及土壤等影响程度较重、影响时间较长时，应进行建设阶段的环境影响预测和评价。

③可根据工程特点、规模、环境敏感程度、影响特征等选择开展建设项目服务期满后的环境影响预测和评价。

④当建设项目排放污染物对环境存在累积影响时，应明确累积影响的影响源，分析项目实施可能发生累积影响的条件、方式和途径，预测项目实施在时间和空间上的累积环境影响。

⑤对以生态影响为主的建设项目，应预测生态系统组成和服务功能的变化趋势，重点分析项目建设和生产运行对环境保护目标的影响。

⑥对存在环境风险的建设项目，应分析环境风险源项，计算环境风险后果，开展环境风险评价。对存在较大潜在人群健康风险的建设项目，应分析人群主要暴露途径。

（4）环境影响预测方法

预测方法主要有数学模型法、物理模型法、类比调查法和专业判断法等，具体方法由各环境要素或专题环境影响评价技术导则具体规定。

①数学模型法：最为常用的方法，给出定量的预测结果。现在对于多数环境要素都有十分成熟的数学模型。

②物理模型法：用小模型试验反映大区域环境影响的方法。定量化程度较高，再现性好，但需较多的人力、物力和时间。

③类比调查法：属于半定量性质，除非不得已，不推荐使用。

④专业判断法：一般不使用。

（5）环境影响评价方法

环境影响评价一般用指数法，是利用环境质量指数评价环境质量的好坏。

环境质量指数是一个有代表性的数，是质量好坏的表征，既可以表示单因子的，也可以表示多因子的环境质量状况，但一般以单因子指数法居多。

3.6.5　环境保护措施及其可行性论证

（1）环境保护措施及其可行性论证的一般要求

明确提出建设项目建设阶段、生产运行阶段和服务期满后（可根据项目情况选择）拟采取的具体污染防治、生态保护、环境风险防范等环境保护措施；分析论证拟采取措施的技术可行性、经济合理性、长期稳定运行和达标排放的可靠性、满足环境质量改善和排污许可要求的可行性、生态保护和恢复效果的可达性。

各类措施的有效性判定应以同类或相同措施的实际运行效果为依据，没有实际运行经验的，可提供工程化实验数据。

（2）环境质量不达标的区域环境保护措施要求

环境质量不达标的区域，应采取国内外先进可行的环境保护措施，结合区域限期达标规划及实施情况，分析建设项目实施对区域环境质量改善目标的贡献和影响。

（3）环境保护投入及范围

给出各项污染防治、生态保护等环境保护措施和环境风险防范措施的具体内容、责任主体、实施时段，估算环境保护投入，明确资金来源。

环境保护投入应包括为预防和减缓建设项目不利环境影响而采取的各项环境保护措施和设施的建设费用、运行维护费用，直接为建设项目服务的环境管理与监测费用以及相关科研费用。

3.6.6 环境影响评价结论

对建设项目的建设概况、环境质量现状、污染物排放情况、主要环境影响、公众意见采纳情况、环境保护措施、环境影响经济损益分析、环境管理与监测计划等内容进行概括总结，结合环境质量目标要求，明确给出建设项目的环境影响可行性结论。

对存在重大环境制约因素、环境影响不可接受或环境风险不可控、环境保护措施经济技术不满足长期稳定达标及生态保护要求、区域环境问题突出且整治计划不落实或不能满足环境质量改善目标的建设项目，应提出环境影响不可行的结论。

3.6.7 公众参与

（1）公众参与的概念

公众参与广义上是指涉及普通民众参与影响公共政策和公共生活的各种活动。

在环境影响评价中是指有关单位、专家和公众通过一定的途径和方式，遵循一定的程序，参与与其环境权益有关的环境影响评价活动，使制定规划或者审批建设项目的决策活动符合广大公众的利益。

这里的公众不仅包括一般普通群众，也包括有关单位、专家及环保公益组织。

（2）公众参与的一般要求

建设单位实施公众参与，也可以委托环境影响报告书编制单位或者其他单位承担环境影响评价公众参与的具体工作，应于报批环境影响报告书前完成，形式为（专家）论证会、（公众）听证会，或者采取其他形式。

在环境影响评价工作程序中，将公众参与和环境影响评价文件编制工作分离，公众参与的内容独立形成说明文件。

（3）信息公开

建设项目环境影响评价公众参与相关信息应当依法公开，涉及国家秘密、商业秘密、个人隐私的，依法不得公开。法律法规另有规定的，从其规定。

生态环境主管部门公开建设项目环境影响评价公众参与相关信息，不得危及国家安全、公共安全、经济安全和社会稳定。

向公众公开建设项目及环境影响评价的信息有两次：

第一次公开：建设单位应当在确定环境影响报告书编制单位后7个工作日内，通过其网站、建设项目所在地公共媒体网站或者建设项目所在地相关政府网站，公开下列信息：

建设项目名称、选址选线、建设内容等基本情况，改建、扩建、迁建项目应当说明现有工程及其环境保护情况；建设单位名称和联系方式；环境影响报告书编制单位的名称；公众意见表的网络链接；提交公众意见表的方式和途径。

在环境影响报告书征求意见稿编制过程中，公众均可向建设单位提出与环境影响评价相关的意见。

第二次公开：建设项目环境影响报告书征求意见稿形成后，建设单位应当公开下列信息，征求与该建设项目环境影响有关的意见：

环境影响报告书征求意见稿全文的网络链接及查阅纸质报告书的方式和途径；征求意见的公众范围；公众意见表的网络链接；公众提出意见的方式和途径；公众提出意见的起止时间。

建设单位征求公众意见的期限不得少于10个工作日。

（4）公众意见的反馈与整理

公众可以通过信函、传真、电子邮件或者建设单位提供的其他方式，在规定时间内将填写的公众意见表等提交建设单位，反映与建设项目环境影响有关的意见和建议。

建设单位应当对收到的公众意见进行整理，组织环境影响报告书编制单位或者其他有能力的单位进行专业分析后提出采纳或者不采纳的建议。

（5）深度公众参与

对环境影响方面公众质疑性意见多的建设项目，建设单位应当按照下列方式组织开展深度公众参与：

①公众质疑性意见主要集中在环境影响预测结论、环境保护措施或者环境风险防范措施等方面的，建设单位应当组织召开公众座谈会或者听证会。座谈会或者听证会应当邀请在环境方面可能受建设项目影响的公众代表参加。

②公众质疑性意见主要集中在环境影响评价相关专业技术方法、导则、理论等方面

的，建设单位应当组织召开专家论证会。专家论证会应当邀请相关领域专家参加，并邀请在环境方面可能受建设项目影响的公众代表列席。

3.7 环境影响评价文件的编制要求

3.7.1 专项评价

环境要素环境影响评价指针对某一环境要素（如大气、地表水、地下水、声环境、生态、土壤等）展开的环境影响评价。

专题环境影响评价（评价专题）指针对涉及多个环境要素的专题，如环境风险、人群健康风险、环境影响经济损益、固体废物等进行的环境影响评价。

某一具体的环境要素环境影响评价或专题环境影响评价均可称为专项环境影响评价，简称专项评价。多数专项评价依据专项环境影响评价导则编写，其在环境影响报告书（表）中往往形成独立篇章，一般称为评价环境影响专章。

3.7.2 环境影响评价报告书的编制要求

（1）环境影响评价报告书的一般内容

一般包括概述、总则、建设项目工程分析、环境现状调查与评价、环境影响预测与评价、环境保护措施及其可行性论证、环境影响经济损益分析、环境管理与监测计划、环境影响评价结论和附录、附件等内容。

概述可简要说明建设项目的特点、环境影响评价的工作过程、分析判定相关情况、关注的主要环境问题及环境影响、环境影响评价的主要结论等。总则应包括编制依据、评价因子与评价标准、评价工作等级和评价范围、相关规划及环境功能区划、主要环境保护目标等。

附录和附件应包括项目依据文件、相关技术资料、引用文献等。

（2）环境影响评价报告书的质量要求

应概括地反映环境影响评价的全部工作成果，突出重点。工程分析应体现工程特点，环境现状调查应反映环境特征，主要环境问题应阐述清楚，影响预测方法应科学，预测结果应可信，环境保护措施应可行、有效，评价结论应明确。

（3）环境影响评价报告书的编辑要求

文字应简洁、准确，文本应规范，计量单位应标准化，数据应真实、可信，资料应翔实，应强化先进信息技术的应用，图表信息应满足环境质量现状评价和环境影响预测评价的要求。

环境影响评价报告书有内容要求，但无固定格式要求。

3.7.3　环境影响评价报告表的编制要求

（1）一般要求

环境影响报告表应采用规定格式，建设单位应按照《建设项目环境影响报告表编制技术指南（污染影响类）（试行）》和《建设项目环境影响报告表编制技术指南（生态影响类）（试行）》的要求，组织填写建设项目环境影响报告表。根据工程特点、环境特征，有针对性突出环境要素或设置专题开展评价。

（2）专项评价设置原则

建设项目产生的环境影响需要深入论证的，应按照环境影响评价相关技术导则开展专项评价工作。专项评价的类别应根据建设项目排污情况或特征及所涉环境敏感程度来确定。

对于污染影响类项目，大气、地表水、环境风险、生态和海洋可设置专项评价，具体设置原则见表 3-1。土壤、声环境不开展专项评价。地下水原则上不开展专项评价，涉及集中式饮用水水源和热水、矿泉水、温泉等特殊地下水资源保护区的开展地下水专项评价工作。专项评价一般不超过两项，印刷电路板制造类建设项目专项评价不超过 3 项。

表 3-1　污染影响类项目环境影响报告表专项评价设置原则

专项评价的类别	设置原则
大气	排放废气含有毒有害污染物、二噁英、苯并[a]芘、氰化物、氯气且厂界外 500 m 范围内有环境空气保护目标的建设项目
地表水	新增工业废水直排建设项目（槽罐车外送污水处理厂的除外）；新增废水直排的污水集中处理厂
环境风险	有毒有害和易燃易爆危险物质存储量超过临界量的建设项目
生态	取水口下游 500 m 范围内有重要水生生物的自然产卵场、索饵场、越冬场和洄游通道的新增河道取水的污染类建设项目
海洋	直接向海排放污染物的海洋工程建设项目

对于生态影响类项目，设置原则参照表 3-2，确有必要的可根据建设项目环境影响程度等实际情况适当调整。专项评价一般不超过两项，水利水电、交通运输（公路、铁路）、陆地石油和天然气开采类建设项目不超过 3 项。

表 3-2 生态影响类项目环境影响报告表专项评价设置原则

专项评价的类别	涉及项目类别
地表水	水力发电：引水式发电、涉及调峰发电的项目； 人工湖、人工湿地：全部； 水库：全部； 引水工程：全部（配套的管线工程等除外）； 防洪除涝工程：包含水库的项目； 河湖整治：涉及清淤且底泥存在重金属污染的项目
地下水	陆地石油和天然气开采：全部； 地下水（含矿泉水）开采：全部； 水利、水电、交通等：含穿越可溶岩地层隧道的项目
生态	涉及环境敏感区（不包括饮用水水源保护区，以居住、医疗卫生、文化教育、科研、行政办公为主要功能的区域，以及文物保护单位）的项目
大气	油气、液体化工码头：全部； 干散货（含煤炭、矿石）、件杂、多用途、通用码头：涉及粉尘、挥发性有机物排放的项目
噪声	公路、铁路、机场等交通运输业涉及环境敏感区（以居住、医疗卫生、文化教育、科研、行政办公为主要功能的区域）的项目； 城市道路（不含维护，不含支路、人行天桥、人行地道）：全部
环境风险	石油和天然气开采：全部； 油气、液体化工码头：全部； 原油、成品油、天然气管线（不含城镇天然气管线、企业厂区内管线），危险化学品输送管线（不含企业厂区内管线）：全部

3.7.4 环境影响评价登记表的填写要求

环境影响评价登记表完全采用规定格式，按《建设项目环境影响登记表备案管理办法》的要求填写。县级生态环境主管部门负责本行政区域内的建设项目环境影响登记表备案管理。

习 题

1. 名词解释

（1）环境影响评价程序；（2）环境影响评价工作等级；（3）“三线一单”；（4）环境管控单元；（5）公众参与。

2. 请简述环境影响评价应遵循的原则。

3. 请简述生态环境主管部门审批环境影响评价文件的基本原则。

4. 某建设项目分两期建设，其环境影响评价文件经批准后，3 年后一期项目启动建设，并在一年内建成；一期项目投产 6 年后，建设单位准备启动二期项目建设。该建设单位在两期建设前应如何履行相关环保手续？

5. 建设项目的环境影响评价文件的审批部门应当自收到环境影响报告文件多长时间内作出审批决定并书面通知建设单位？

6. 环境影响评价工作程序有哪 3 个阶段？各阶段的主要任务是什么？

7. 根据《建设项目环境影响评价技术导则　总纲》，建设项目有多个建设方案、涉及环境敏感区或环境影响显著时，应重点从哪几个方面进行建设方案环境比选？

8. 组成环境管控单元的要素有哪几个？

9. 根据《中华人民共和国环境保护法》，国家划定的生态保护红线包括哪些区域？

10. 根据《建设项目环境影响评价技术导则　总纲》，筛选环境影响评价因子应考虑哪些因素？

11. 某企业年新鲜工业用水 9 000 m^3，无监测排水流量，排污系数取 0.7，废水处理设施进口 COD 浓度为 500 mg/L，排放口 COD 浓度为 100 mg/L，那么这个企业每年去除的 COD 是多少？

12. 某企业年投入物料中的某污染物总量为 9 000 t，进入回收产品中的某污染物总量为 2 000 t，经净化处理掉的某污染物总量为 500 t，生产过程中被分解、转化的某污染物总量为 100 t，排放量为 5 000 t，求进入产品中的某污染物总量为多少？

13. 根据《建设项目环境影响评价技术导则　总纲》，改扩建项目污染源源强核算内容应包括哪几部分项目的污染物排放量？

14. 某评价区域现有水污染源及其排污情况见下表，试采用等标污染负荷法找出主要的污染源和污染物，所用标准采用《污水综合排放标准》（GB 8978—1996）。

序号	排污单位	废水排放量/（m^3/d）	COD/（mg/L）	氨氮/（mg/L）	总磷/（mg/L）	总镍/（mg/L）	总汞/（mg/L）	六价铬/（mg/L）
1	中药厂	660	121	7.8	0.44	—	0.035	—
2	化工厂	1 430	54	13.7	0.79	0.04	0.002 5	—
3	电镀厂	123	43	6.4	0.043	0.09	0.004 5	0.08
4	印染厂	14 200	69	9.3	0.41	—	—	—
5	味精厂	5 400	176	43	0.77	—	—	—
6	污水处理厂	45 000	49	4.4	0.41	0.037	0.001	0.03

15. 根据《建设项目环境影响评价技术导则　总纲》，评价结论包括哪些必要内容？

16. 根据《环境影响评价公众参与办法》，建设单位组织编写的建设项目环境影响评价公众参与说明中，包括哪些主要内容？

17. 根据《中华人民共和国环境影响评价法》，长江上游某堤坝建设工程项目的环境影响报告书中应当包括哪些基本内容？

18. 根据《建设项目环境影响报告表编制技术指南（污染影响类）（试行）》和《建设项目环境影响报告表编制技术指南（生态影响类）（试行）》，哪些需要在建设项目环境影响报告表上开展深入论证形成专项评价？哪些不需要？哪些有特殊要求？

第4章 地表水环境影响评价

4.1 基础知识

4.1.1 水环境与水体

水环境是地球上分布的各种水体，以及与其密切相连的诸环境要素（如河床、海岸、植被、土壤等）。水环境包括地球表面上的各种水体。可以说，只要有一定规模的水的积聚体存在，就属于水环境的范围。按水体所处的位置，可粗略地将其分为地表水水体、地下水水体和海水3类；按水体的形态，可将其分为液态水、水蒸气和冰3类。

4.1.2 水体污染

由于人类的生产和生活活动向水体排放各类污染物质（或能量），当其数量达到使水的物理、化学性质或生物群落组成发生变化，从而降低了原来水的使用价值时，即引起水体污染。凡对水环境质量可能造成有害影响的物质和能量输入的来源，统称水污染源。对环境质量造成影响的物质和能量，称为污染物或污染因子。

4.1.3 地表水

地表水是存在于陆地表面的河流（江河、运河及渠道）、湖泊、水库等地表的水体以及入海河口和近岸海域。考虑到地表水与海洋之间的联系，在进行地表水环境影响评价时，还包括有关入海河口和近岸海域的部分内容。

4.1.4 水环境保护目标

水环境保护目标包括饮用水水源保护区、饮用水取水口，涉水的自然保护区、风景名胜区，重要湿地、重点保护与珍稀水生生物的栖息地、重要水生生物的自然产卵场及索饵场、越冬场和洄游通道，天然渔场等渔业水体，以及水产种质资源保护区等。

4.1.5 水污染当量

根据污染物或者污染排放活动对地表水环境的有害程度以及处理的技术经济性，衡量不同污染物对地表水环境污染的综合性指标或者计量单位。

4.1.6 控制单元

综合考虑水体、汇水范围和控制断面三要素而划定的水环境空间管控单元。

4.1.7 生态流量

满足河流、湖库生态保护要求，维持生态系统结构和功能所需要的流量（水位）与过程。

4.1.8 安全余量

考虑污染负荷和受纳水体水环境质量之间关系的不确定因素，为保障受纳水体水环境质量改善目标安全而预留的负荷量。

4.2 地表水环境影响评价工作程序

地表水环境影响评价的依据为《环境影响评价技术导则　地表水环境》(HJ 2.3—2018)，基本任务是在调查和分析评价范围地表水环境质量现状与水环境保护目标的基础上，预测和评价建设项目对地表水环境质量、水环境功能区、水功能区、水环境保护目标及水环境控制单元的影响范围与影响程度，提出相应的环境保护措施和环境管理与监测计划，明确给出地表水环境影响是否可接受的结论。地表水环境影响评价的工作程序见图 4-1，一般分为 3 个阶段。

第一阶段：研究有关文件，进行工程方案和环境影响的初步分析，开展区域环境状况的初步调查，明确水环境功能区或水功能区管理要求，识别主要环境影响，确定评价类别。根据不同评价类别进一步筛选评价因子、确定评价等级与评价范围，明确评价标准、评价重点和水环境保护目标。

第二阶段：根据评价类别、评价等级及评价范围等，开展与地表水环境影响评价相关的污染源、水环境质量现状、水文水资源与水环境保护目标调查与评价，必要时开展补充监测；选择适合的预测模型，开展地表水环境影响预测评价，分析与评价建设项目对地表水环境质量、水文要素及水环境保护目标的影响范围与程度，在此基础上核算建设项目的污染源排放量、生态流量等。

第三阶段：根据建设项目地表水环境影响预测与评价的结果，制订地表水环境保护措施，开展地表水环境保护措施的有效性评价，编制地表水环境监测计划，给出建设项目污染物排放清单和地表水环境影响评价的结论，完成环境影响评价文件的编写。

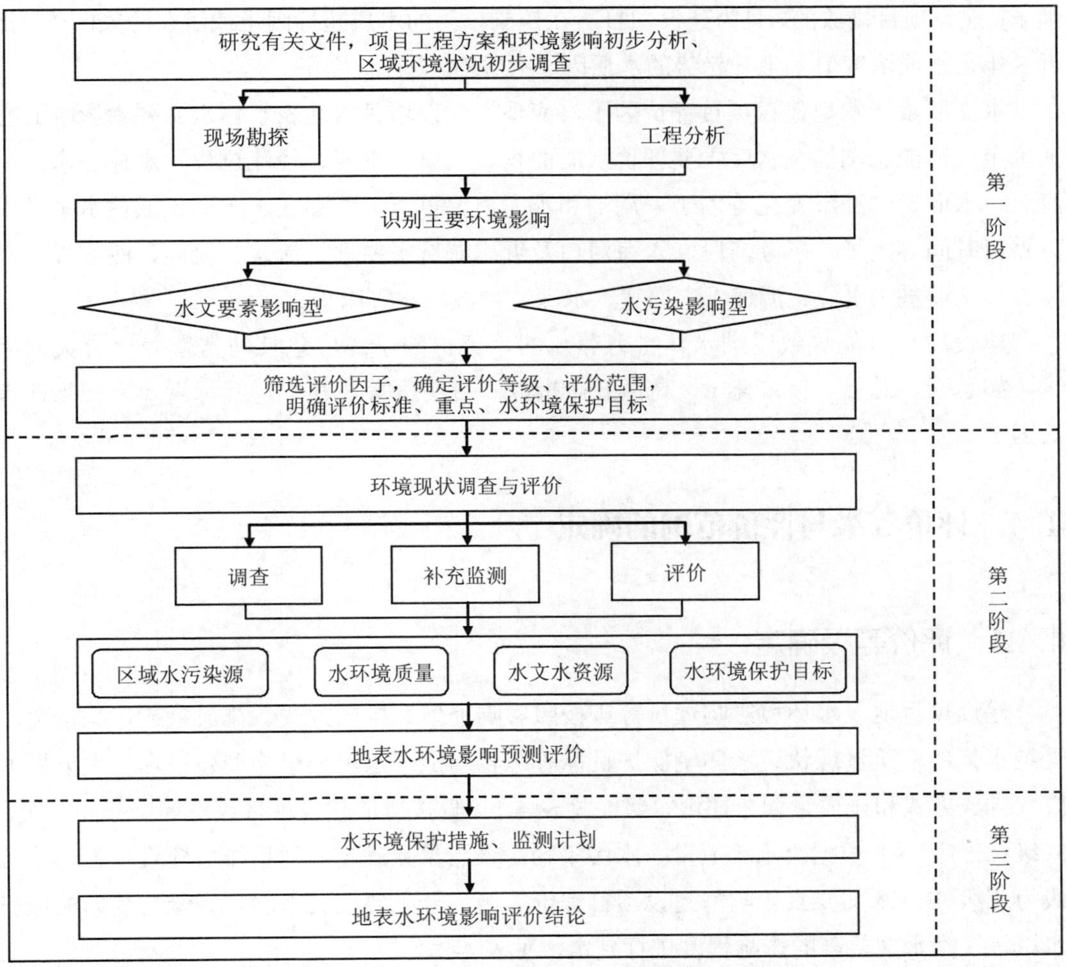

图 4-1　地表水环境影响评价工作程序

4.3　地表水环境影响因素识别和评价因子的筛选

地表水环境影响因素识别应按照 HJ 2.1 的要求，分析建设项目建设阶段、生产运行阶段和服务期满后各阶段对地表水环境质量、水文要素的影响行为。

水污染影响型建设项目评价因子的筛选应符合以下要求：按照污染源源强核算技术指南，开展建设项目污染源与水污染因子识别，结合建设项目所在水环境控制单元或区域水环境质量现状，筛选出水环境现状调查评价与影响预测评价的因子；行业污染物排放标准中涉及的水污染物应作为评价因子；在车间或车间处理设施排放口排放的第一类污染物应作为评价因子；水温应作为评价因子；面源污染所含的主要污染物应作为评价因子；建设项目排放的，且为建设项目所在控制单元的水质超标因子或潜在污染因子（指近 3 年来水质浓度值呈上升趋势的水质因子），应作为评价因子。

水文要素影响型建设项目评价因子，应根据建设项目对地表水体水文要素影响的特征确定。河流、湖泊及水库主要评价水面面积、水量、水温、径流过程、水位、水深、流速、水面宽、冲淤变化等因子，湖泊和水库需要重点关注湖底水域面积或蓄水量及水力停留时间等因子。感潮河段、入海河口及近岸海域主要评价流量、流向、潮区界、潮流界、纳潮量、水位、流速、水面宽、水深、冲淤变化等因子。

建设项目可能导致受纳水体富营养化的，评价因子还应包括与富营养化有关的因子，如总磷、总氮、叶绿素 a、高锰酸盐指数和透明度等，其中，叶绿素 a 为必须评价的因子。

4.4 评价等级与评价范围的确定

4.4.1 评价等级确定

建设项目地表水环境影响评价等级按照影响类型、排放方式、排放量或影响情况、受纳水体环境质量现状、水环境保护目标等综合确定。水污染影响型建设项目主要根据废水排放方式和排放量划分评价等级，见表 4-1。直接排放建设项目评价等级分为一级、二级和三级 A，根据废水排放量、水污染物污染当量数确定。间接排放建设项目评价等级为三级 B。水文要素影响型建设项目评价等级划分主要根据水温、径流与受影响地表水域等 3 类水文要素的影响程度进行判定，见表 4-2。

表 4-1 水污染影响型建设项目评价等级判定

评价等级	判定依据	
	排放方式	废水排放量 Q/（m^3/d）；水污染当量数 W/（量纲一）
一级	直接排放	$Q \geq 20\ 000$ 或 $W \geq 600\ 000$
二级	直接排放	其他
三级 A	直接排放	$Q < 200$ 且 $W < 6\ 000$

评价等级	判定依据	
	排放方式	废水排放量 Q/（m^3/d）；水污染当量数 W/（量纲一）
三级 B	间接排放	—

注：①水污染物当量数等于该污染物的年排放量除以该污染物的污染当量值，计算排放污染物的污染物当量数，应区分第一类水污染物和其他类水污染物，统计第一类污染物当量数总和，然后与其他类污染物按照污染物当量数从大到小排序，取最大当量数作为建设项目评价等级确定的依据。

②废水排放量按行业排放标准中规定的废水种类统计，没有相关行业排放标准要求的通过工程分析合理确定，应统计含热量大的冷却水的排放量，可不统计间接冷却水、循环水以及其他含污染物极少的清净下水的排放量。

③厂区存在堆积物（露天堆放的原料、燃料、废渣等以及垃圾堆放场）、降尘污染的，应将初期雨污水纳入废水排放量，相应的主要污染物纳入水污染当量计算。

④建设项目直接排放第一类污染物的，其评价等级为一级；建设项目直接排放的污染物为受纳水体超标因子的，评价等级不低于二级。

⑤直接排放受纳水体影响范围涉及饮用水水源保护区、饮用水取水口、重点保护与珍稀水生生物的栖息地、重要水生生物的自然产卵场等保护目标时，评价等级不低于二级。

⑥建设项目向河流、湖库排放温排水引起受纳水体水温变化超过水环境质量标准要求，且评价范围有水温敏感目标时，评价等级为一级。

⑦建设项目利用海水作为调节温度介质，排水量≥500 万 m^3/d，评价等级为一级；排水量＜500 万 m^3/d，评价等级为二级。

⑧仅涉及清净下水排放的，如其排放水质满足受纳水体水环境质量标准要求，评价等级为三级 A。

⑨依托现有排放口，且对外环境未新增排放污染物的直接排放建设项目，评价等级参照间接排放，定为三级 B。

⑩建设项目生产工艺中有废水产生，但作为回水利用，不排放到外环境的，按三级 B 评价。

表 4-2　水文要素影响型建设项目评价等级判定

评价等级	水温	径流		受影响地表水域		
	年径流量与总库容百分比 α/%	兴利库容与年径流量百分比 β/%	取水量占多年平均径流量百分比 γ/%	工程垂直投影面积及外扩范围 A_1/km^2；工程扰动水底面积 A_2/km^2；过水断面宽度占用比例或占用水域面积比例 R/%		工程垂直投影面积及外扩范围 A_1/km^2；工程扰动水底面积 A_2/km^2
				河流	湖库	入海河口、近岸海域
一级	$\alpha \leqslant 10$；或稳定分层	$\beta \geqslant 20$；或完全年调节与多年调节	$\gamma \geqslant 30$	$A_1 \geqslant 0.3$；或 $A_2 \geqslant 1.5$；$R \geqslant 10$	$A_1 \geqslant 0.3$；或 $A_2 \geqslant 1.5$；或 $R \geqslant 20$	$A_1 \geqslant 0.5$；或 $A_2 \geqslant 3$
二级	$20 > \alpha > 10$；或不稳定分层	$20 > \beta > 2$；或季调节与不完全年调节	$30 > \gamma > 10$	$0.3 > A_1 > 0.05$；或 $1.5 > A_2 > 0.2$；或 $10 > R > 5$	$0.3 > A_1 > 0.05$；或 $1.5 > A_2 > 0.2$；或 $20 > R > 5$	$0.5 > A_1 > 0.15$；或 $3 > A_2 > 0.5$

评价等级	水温	径流		受影响地表水域		
	年径流量与总库容百分比 α/%	兴利库容与年径流量百分比 β/%	取水量占多年平均径流量百分比 γ/%	工程垂直投影面积及外扩范围 A_1/km^2；工程扰动水底面积 A_2 /km^2；过水断面宽度占用比例或占用水域面积比例 R/%		工程垂直投影面积及外扩范围 A_1/km^2；工程扰动水底面积 A_2/km^2
				河流	湖库	入海河口、近岸海域
三级	$\alpha \geqslant 20$；或混合型	$\beta \leqslant 2$；或无调节	$\gamma \leqslant 10$	$A_1 \leqslant 0.05$；或 $A_2 \leqslant 0.2$；或 $R \leqslant 5$	$A_1 \leqslant 0.05$；或 $A_2 \leqslant 0.2$；或 $R \leqslant 5$	$A_1 \leqslant 0.15$；或 $A_2 \leqslant 0.5$

注：①影响范围涉及饮用水水源保护区、重点保护与珍稀水生生物的栖息地、重要水生生物的自然产卵场、自然保护区等保护目标，评价等级应不低于二级。

②跨流域调水、引水式电站、可能受到大型河流感潮河段咸潮影响的建设项目，评价等级不低于二级。

③造成入海河口（湾口）宽度束窄（束窄尺度达到原宽度的5%以上），评价等级应不低于二级。

④对不透水的单方向建筑尺度较长的水工建筑物（如防波堤、导流堤等），其与潮流或水流主流向切线垂直方向投影长度大于 2 km 时，评价等级应不低于二级。

⑤允许在一类海域建设的项目，评价等级为一级。

⑥同时存在多个水文要素影响的建设项目，分别判定各水文要素影响评价等级，并取其中最高等级作为水文要素影响型建设项目评价等级。

4.4.2 评价范围确定

建设项目地表水环境影响评价范围指建设项目整体实施后可能对地表水环境造成的影响范围。评价范围应以平面图的方式表示，并明确起止位置等控制点坐标。

（1）水污染影响型建设项目

水污染影响型建设项目评价范围，根据评价等级、工程特点、影响方式及程度、地表水环境质量管理要求等确定。

水污染影响型建设项目的一级、二级及三级 A，其评价范围应符合以下要求：①应根据主要污染物迁移转化状况，至少需覆盖建设项目污染影响所及水域。②受纳水体为河流时，应满足覆盖对照断面、控制断面与削减断面等关心断面的要求。③受纳水体为湖泊、水库时，一级评价，评价范围宜不小于以入湖（库）排放口为中心、半径为 5 km 的扇形区域；二级评价，评价范围宜不小于以入湖（库）排放口为中心、半径为 3 km 的扇形区域；三级 A 评价，评价范围宜不小于以入湖（库）排放口为中心、半径为 1 km 的扇形区域。④受纳水体为入海河口和近岸海域时，评价范围按照 GB/T 19485 执行。⑤影响范围涉及水环境保护目标的，评价范围至少应扩大到水环境保护目标内受到影响的水域。⑥同一建设项目有两个及两个以上废水排放口，或排入不同地表水体时，按各排放口及所排入地表水体分别确定评价范围；有叠加影响的，叠加影响水域应作为重点评价范围。

水污染影响型建设项目的三级 B，其评价范围应符合以下要求：应满足其依托污水处理设施环境可行性分析的要求；涉及地表水环境风险的，应覆盖环境风险影响范围所及的水环境保护目标水域。

（2）水文要素影响型建设项目

水文要素影响型建设项目评价范围应符合以下要求：①水温要素影响评价范围为建设项目形成水温分层水域，以及下游未恢复到天然（或建设项目建设前）水温的水域；②径流要素影响评价范围为水体天然性状发生变化的水域，以及下游增减水影响水域；③地表水域影响评价范围为相对建设项目建设前日均或潮均流速及水深，或高（累积频率 5%）低（累积频率 90%）水位（潮位）变化幅度超过 5%的水域；④建设项目影响范围涉及水环境保护目标的，评价范围至少应扩大到水环境保护目标内受影响的水域；⑤存在多类水文要素影响的建设项目，应分别确定各水文要素影响评价范围，取各水文要素评价范围的外包线作为水文要素的评价范围。

4.4.3　评价时期确定

建设项目地表水环境影响评价时期根据受影响地表水体类型、评价等级确定，见表 4-3。三级 B 评价，可不考虑评价时期。

表 4-3　评价时期确定表

受影响地表水类型	评价等级		
	一级	二级	水污染影响型（三级 A）/水文要素影响型（三级）
河流、湖库	丰水期、平水期、枯水期；至少丰水期和枯水期	丰水期和枯水期；至少枯水期	至少枯水期
入海河口（感潮河段）	河流：丰水期、平水期和枯水期。河口：春季、夏季和秋季；至少丰水期和枯水期，春季和秋季	河流：丰水期和枯水期。河口：春季、秋季 2 个季节；至少枯水期或 1 个季节	至少枯水期或 1 个季节
近岸海域	春季、夏季和秋季；至少春季、秋季 2 个季节	春季或秋季；至少 1 个季节	至少 1 次调查

注：①感潮河段、入海河口、近岸海域在丰水期、枯水期（或春夏秋冬四季）均应选择大潮期或小潮期中一个潮期开展评价（无特殊要求时，可不考虑一个潮期内高潮期、低潮期的差别）。选择原则：依据调查监测海域的环境特征，以影响范围较大或影响程度较重为目标，定性判别和选择大潮期或小潮期作为调查潮期。

②冰封期较长且作为生活饮用水与食品加工用水的水源或有渔业用水需求的水域，应将冰封期纳入评价时期。

③具有季节性排水特点的建设项目，根据建设项目排水期对应的水期或季节确定评价时期。

④水文要素影响型建设项目对评价范围内的水生生物生长、繁殖与洄游有明显影响的时期，需将对应的时期作为评价时期。

⑤复合影响型建设项目分别确定评价时期，按照覆盖所有评价时期的原则综合确定。

4.4.4 水环境保护目标确定

依据环境影响因素识别结果，调查评价范围内水环境保护目标，确定主要水环境保护目标。应在地图中标注各水环境保护目标的地理位置、四至范围，并列表给出水环境保护目标内主要保护对象和保护要求，以及与建设项目占地区域的相对距离、坐标、高差，与排放口的相对距离、坐标等信息，同时说明与建设项目的水力联系。

4.4.5 环境影响评价标准确定

建设项目地表水环境影响评价标准，应根据评价范围内水环境质量管理要求和相关污染物排放标准的规定，确定各评价因子适用的水环境质量标准与相应的污染物排放标准。

根据 GB 3097、GB 3838、GB 5084、GB 11607、GB 18421、GB 18688 及相应的地方标准，结合受纳水体水环境功能区或水功能区、近岸海域环境功能区、水环境保护目标、生态流量等水环境质量管理要求，确定地表水环境质量评价标准。

根据现行国家和地方排放标准的相关规定，结合项目所属行业、地理位置，确定建设项目污染物排放评价标准。对于间接排放建设项目，若建设项目与污水处理厂在排放标准允许范围内，签订了纳管协议和排放浓度限值，并报相关生态环境主管部门备案，可将此浓度限值作为污染物排放评价的依据。

未划定水环境功能区或水功能区、近岸海域环境功能区的水域，或未明确水环境质量标准的评价因子，由地方人民政府生态环境主管部门确认应执行的环境质量要求；在国家及地方污染物排放标准中未包括的评价因子，由地方人民政府生态环境主管部门确认应执行的污染物排放要求。

4.5 环境现状调查与评价

4.5.1 调查范围

地表水环境的现状调查范围应覆盖评价范围，应以平面图方式表示，并明确起止断面的位置及涉及范围。

对于水污染影响型建设项目，除覆盖评价范围外，受纳水体为河流时，在不受回水影响的河流段，排放口上游调查范围宜不小于 500 m，受回水影响河段的上游调查范围原则上与下游调查的河段长度相等；受纳水体为湖库时，以排放口为圆心，调查半径在评价范围基础上外延 20%～50%。

对于水文要素影响型建设项目，受影响水体为河流、湖库时，除覆盖评价范围外，一级、二级评价时，还应包括库区及支流回水影响区、坝下至下一个梯级或河口、受水区、退水影响区。

对于水污染影响型建设项目，建设项目排放污染物中包括氮、磷或有毒污染物且受纳水体为湖泊、水库时，一级评价的调查范围应包括整个湖泊、水库，二级、三级 A 评价时，调查范围应包括排放口所在水环境功能区、水功能区或湖（库）湾区。

受纳或受影响水体为入海河口及近岸海域时，调查范围依据 GB/T 19485 要求执行。

4.5.2　调查因子

地表水环境现状调查因子根据评价范围水环境质量管理要求、建设项目水污染物排放特点与水环境影响预测评价要求等综合分析确定。调查因子应不少于评价因子。

4.5.3　调查内容与方法

地表水环境现状调查时期和评价时期一致，调查内容包括建设项目及区域水污染源调查、受纳或受影响水体水环境质量现状调查、区域水资源与开发利用状况、水文情势与相关水文特征值调查，以及水环境保护目标、水环境功能区或水功能区、近岸海域环境功能区及其相关的水环境质量管理要求等调查。涉及涉水工程的，还应调查涉水工程运行规则和调度情况。

调查方法主要采用资料收集、现场监测、无人机或卫星遥感遥测等方法。

4.5.4　调查要求

建设项目污染源调查应在工程分析的基础上，确定水污染物的排放量及进入受纳水体的污染负荷量。

（1）区域水污染源调查

应详细调查与建设项目排放污染物同类的，或有关联关系的已建项目、在建项目、拟建项目（已批复环境影响评价文件，下同）等污染源。一级评价，以收集利用排污许可证登记数据、环评及环保验收数据及既有实测数据为主，并辅以现场调查及现场监测；二级评价，主要利用排污许可证登记数据、环评及环保验收数据及既有实测数据，必要时补充现场监测；水污染影响型三级 A 评价与水文要素影响型三级评价，主要收集利用与建设项目排放口的空间位置和所排污染物的性质关系密切的污染源资料，可不进行现场调查及现场监测；水污染影响型三级 B 评价，可不开展区域污染源调查，主要调查依托污水处理设施的日处理能力、处理工艺、设计进水水质、处理后的废水稳定达标排放情况，同时应调查依托污水处理设施执行的排放标准是否涵盖建设项目排放的有毒有害的特征水污染物。

一级、二级评价，建设项目直接导致受纳水体内源污染变化，或存在与建设项目排放污染物同类的且内源污染影响受纳水体水环境质量，应开展内源污染调查，必要时应开展底泥污染补充监测。

具有已审批入河排放口的主要污染物种类及其排放浓度和总量数据，以及国家或地方发布的入河排放口数据的，可不对入河排放口汇水区域的污染源开展调查。

面污染源调查主要采用收集利用既有数据资料的调查方法，可不进行实测。

建设项目的污染物排放指标需要等量替代或减量替代时，还应对替代项目开展污染源调查。

（2）水环境质量现状调查

应根据不同评价等级对应的评价时期要求开展水环境质量现状调查。

应优先采用国务院生态环境主管部门统一发布的水环境状况信息。

当现有资料不能满足要求时，应按照不同等级对应的评价时期要求开展现状监测。

水污染影响型建设项目一级、二级评价时，应调查受纳水体近 3 年的水环境质量数据，分析其变化趋势。

（3）水环境保护目标调查

应采用国家及地方人民政府颁布的各相关名录中的统计资料。

（4）水资源与开发利用状况调查

水文要素影响型建设项目一级、二级评价时，应开展建设项目所在流域、区域的水资源与开发利用状况调查。

（5）水文情势调查

应尽量收集邻近水文站既有水文年鉴资料和其他相关的有效水文观测资料。当上述资料不足时，应进行现场水文调查与水文测量，水文调查与水文测量宜与水质调查同步进行。

水文调查与水文测量宜在枯水期进行。必要时，可根据水环境影响预测需要、生态环境保护要求，在其他时期（丰水期、平水期、冰封期等）进行。

水文测量的内容应满足拟采用的水环境影响预测模型对水文参数的要求。在采用水环境数学模型时，应根据所选用的预测模型需输入的水文特征值及环境水力学参数决定水文测量内容；在采用物理模型法模拟水环境影响时，水文测量应提供模型制作及模型试验所需的水文特征值及环境水力学参数。

水污染影响型建设项目开展与水质调查同步进行的水文测量，原则上可只在一个时期（水期）内进行。在水文测量的时间、频次和断面与水质调查不完全相同时，应保证满足水环境影响预测所需的水文特征值及环境水力学参数的要求。

4.5.5　补充监测

（1）补充监测要求

应对收集资料进行复核整理，分析资料的可靠性、一致性和代表性，针对资料的不足，制定必要的补充监测方案，确定补充监测时期、内容、范围。

需要开展多个断面或点位补充监测的，应在大致相同的时段内开展同步监测。需要同时开展水质与水文补充监测的，应按照水质水量协调统一的要求开展同步监测，测量的时间、频次和断面应保证满足水环境影响预测的要求。

应选择符合监测项目对应环境质量标准或参考标准所推荐的监测方法，并在监测报告中注明。水质采样与水质分析应遵循相关的环境监测技术规范。水文调查与水文测量的方法可参照 GB 50179、GB/T 12763、GB/T 14914 的相关规定执行。河流及湖库底泥调查参照 HJ/T 91 执行，入海河口、近岸海域沉积物调查参照 GB 17378、HJ 442 执行。

（2）监测内容

应在常规监测断面的基础上，重点针对对照断面、控制断面，以及环境保护目标所在水域的监测断面开展水质补充监测。

建设项目需要确定生态流量时，应结合主要生态保护对象敏感用水时段进行调查分析，针对性开展必要的生态流量与径流过程监测等。

当调查的水下地形数据不能满足水环境影响预测要求时，应开展水下地形补充测绘。

（3）监测布点与采样频次

1）河流监测断面设置

水质监测断面布设：应布设对照断面、控制断面。水污染影响型建设项目在拟建排放口上游应布置对照断面（宜在 500 m 以内），根据受纳水域水环境质量控制管理要求设定控制断面。控制断面可结合水环境功能区或水功能区、水环境控制单元区划情况，直接采用国家及地方确定的水质控制断面。评价范围内不同水质类别区、水环境功能区或水功能区、水环境敏感区及需要进行水质预测的水域，应布设水质监测断面。评价范围以外的调查或预测范围，可以根据预测工作需要增设相应的水质监测断面。

水质取样断面上取样垂线的布设，按照 HJ/T 91 的规定执行。每个水期可监测一次，每次同步连续调查取样 3～4 d，每个水质取样点每天至少取一组水样，在水质变化较大时，每间隔一定时间取样一次。水温观测频次，应每间隔 6 h 观测一次水温，统计计算日平均水温。

2）湖库监测点位设置与采样频次

对于水污染影响型建设项目，水质取样垂线的设置可采用以排放口为中心、沿放射线布设或网格布设的方法，按照下列原则及方法设置：一级评价在评价范围内布设的水质取样垂线数不宜少于 20 条；二级评价在评价范围内布设的水质取样垂线数不宜少于 16 条。评价范围内不同水质类别区、水环境功能区或水功能区、水环境敏感区、排放口和需要进行水质预测的水域，应布设取样垂线。

对于水文要素影响型建设项目，在取水口、主要入湖（库）断面、坝前、湖（库）中心水域、不同水质类别区、水环境敏感区和需要进行水质预测的水域，应布设取样垂线。对于复合影响型建设项目，应兼顾进行取样垂线的布设。

水质取样垂线上取样点的布设按照 HJ/T 91 的规定执行。

每个水期可监测一次，每次同步连续取样 2～4 d，每个水质取样点每天至少取一组水样，但在水质变化较大时，每间隔一定时间取样一次。溶解氧和水温监测频次，每间隔 6 h 取样监测一次，在调查取样期内适当监测藻类。

3）入海河口、近岸海域监测点位设置与采样频次

一级评价可布设 5～7 个取样断面；二级评价可布设 3～5 个取样断面。

根据垂向水质分布特点，参照 GB/T 12763 和 HJ 442 执行。排放口位于感潮河段内的，其上游设置的水质取样断面，应根据实际情况参照河流决定，其下游断面的布设与近岸海域相同。

原则上一个水期在一个潮周期内采集水样，明确所采样品所处潮时，必要时对潮周期内的高潮和低潮采样。当上、下层水质变幅较大时，应分层取样。入海河口上游水质取样频次参照感潮河段相关要求执行，下游水质取样频次参照近岸海域相关要求执行。对于近岸海域，一个水期宜在半个太阴月内的大潮期或小潮期分别采样，明确所采样品所处潮时；对所有选取的水质监测因子，在同一潮次取样。

4）底泥污染调查与评价的监测点位布设

底泥污染调查与评价的监测点位布设应能够反映底泥污染物空间分布特征，根据底泥分布区域、分布深度、扰动区域、扰动深度、扰动时间等设置。

4.5.6 环境现状评价内容与要求

根据建设项目水环境影响特点与水环境质量管理要求，选择以下全部或部分内容开展评价：

①水环境功能区或水功能区、近岸海域环境功能区水质达标状况。评价建设项目评价范围内水环境功能区或水功能区、近岸海域环境功能区各评价时期的水质状况与变化特征，给出水环境功能区或水功能区、近岸海域环境功能区达标评价结论，明确水环境功能区或水功能区、近岸海域环境功能区水质超标因子、超标程度，分析超标原因。

②水环境控制单元或断面水质达标状况。评价建设项目所在控制单元或断面各评价时期的水质现状与时空变化特征，评价控制单元或断面的水质达标状况，明确控制单元

或断面的水质超标因子、超标程度，分析超标原因。

③水环境保护目标质量状况。评价涉及水环境保护目标水域各评价时期的水质状况与变化特征，明确水质超标因子、超标程度，分析超标原因。

④对照断面、控制断面等代表性断面的水质状况。评价对照断面水质状况，分析对照断面水质水量变化特征，给出水环境影响预测的设计水文条件；评价控制断面水质状况、达标状况，分析控制断面来水水质水量状况，识别上游来水不利组合状况，分析不利条件下的水质达标问题；评价其他监测断面的水质状况，根据断面所在水域的水环境保护目标水质要求，评价水质达标状况与超标因子。

⑤底泥污染评价。评价底泥污染项目及污染程度，识别超标因子，结合底泥处置排放去向，评价退水水质与超标情况。

⑥水资源与开发利用程度及其水文情势评价。根据建设项目水文要素影响特点，评价所在流域（区域）水资源与开发利用程度、生态流量满足程度、水域岸线空间占用状况等。

⑦水环境质量回顾评价。结合历史监测数据与国家及地方生态环境主管部门公开发布的环境状况信息，评价建设项目所在水环境控制单元或断面、水环境功能区或水功能区、近岸海域环境功能区的水质变化趋势，评价主要超标因子变化状况，分析建设项目所在区域或水域的水质问题，从水污染、水文要素等方面，综合分析水环境质量现状问题的原因，明确与建设项目排污影响的关系。

⑧流域（区域）水资源（包括水能资源）与开发利用总体状况、生态流量管理要求与现状满足程度、建设项目占用水域空间的水流状况与河湖演变状况。

⑨依托污水处理设施稳定达标排放评价。评价建设项目依托的污水处理设施稳定达标状况，分析建设项目依托污水处理设施环境可行性。

4.5.7　评价方法

水环境功能区或水功能区、近岸海域环境功能区及水环境控制单元或断面水质达标状况评价方法，参考国家或地方政府相关部门制定的水环境质量评价技术规范、水体达标方案编制指南、水功能区水质达标评价技术规范等。

监测断面或点位水环境质量现状评价方法，采用水质指数法评价。

底泥污染状况评价方法，采用单项污染指数法评价。

4.6 环境影响预测

4.6.1 预测因子与预测范围

预测因子应根据评价因子确定，重点选择与建设项目水环境影响关系密切的因子。预测范围应覆盖评价范围，并根据受影响地表水体水文要素与水质特点合理拓展。

4.6.2 预测时期

水环境影响预测的时期应满足不同评价等级的评价时期要求。水污染影响型建设项目，水体自净能力最不利以及水质状况相对较差的不利时期、水环境现状补充监测时期应作为重点预测时期；水文要素影响型建设项目，以水质状况相对较差或对评价范围内水生生物影响最大的不利时期为重点预测时期。

4.6.3 预测情景

根据建设项目特点分别选择建设期、生产运行期和服务期满后 3 个阶段进行预测。生产运行期应预测正常排放、非正常排放两种工况对水环境的影响，如建设项目具有充足的调节容量，可只预测正常排放对水环境的影响。应对建设项目污染控制和减缓措施方案进行水环境影响模拟预测。对受纳水体环境质量不达标区域，应考虑区（流）域环境质量改善目标要求情景下的模拟预测。

4.6.4 预测内容

预测分析内容根据影响类型、预测因子、预测情景、预测范围地表水体类别、所选用的预测模型及评价要求确定。

水污染影响型建设项目，主要包括：①各关心断面（控制断面、取水口、污染源排放核算断面等）水质预测因子的浓度及变化；②到达水环境保护目标处的污染物浓度；③各污染物最大影响范围；④湖泊、水库及半封闭海湾等，还需关注富营养化状况与水华、赤潮等；⑤排放口混合区范围。

水文要素影响型建设项目，主要包括：①河流、湖泊及水库的水文情势预测分析，主要包括水域形态、径流条件、水力条件以及冲淤变化等内容，具体包括水面面积、水量、水温、径流过程、水位、水深、流速、水面宽、冲淤变化等，湖泊和水库需要重点关注湖库水域面积或蓄水量及水力停留时间等因子；②感潮河段、入海河口及近岸海域水动力条件预测分析，主要包括流量、流向、潮区界、潮流界、纳潮量、水位、流速、水面宽、水深、冲淤变化等因子。

4.6.5　预测模型

地表水环境影响预测模型包括数学模型、物理模型。地表水环境影响预测宜选用数学模型。评价等级为一级且有特殊要求时选用物理模型，物理模型应遵循水工模型实验技术规程等要求。数学模型包括面源污染负荷估算模型、水动力模型、水质（包括水温及富营养化）模型等，可根据地表水环境影响预测的需要选择，应优先选用国家生态环境主管部门发布的推荐模型。

（1）面源污染负荷估算模型

根据污染源类型分别选择适用的污染源负荷估算或模拟方法，预测污染源排放量与入河量。面源污染负荷预测可根据评价要求与数据条件，采用源强系数法、水文分析法及面源模型法等，有条件的地方可以综合采用多种方法进行比对分析确定。

①源强系数法。当评价区域有可采用的源强产生、流失及入河系数等面源污染负荷估算参数时，可采用源强系数法。

②水文分析法。当评价区域具备一定数量的同步水质水量监测资料时，可基于基流分割确定暴雨径流污染物浓度、基流污染物浓度，采用通量法估算面源的负荷量。

③面源模型法。面源模型选择应结合污染特点、模型适用条件、基础资料等综合确定。

（2）水动力模型及水质模型

按照时间分为稳态模型与非稳态模型；按照空间分为零维、一维（包括纵向一维及垂向一维，纵向一维包括河网模型）、二维（包括平面二维及立面二维）以及三维模型；按照是否需要采用数值离散方法分为解析解模型与数值解模型。水动力模型及水质模型的选取根据建设项目的污染源特性、受纳水体类型、水力学特征、水环境特点及评价等级等要求，选取适宜的预测模型。各地表水体适用的数学模型选择要求如下：

①河流数学模型。河流数学模型选择要求见表 4-4。在模拟河流顺直、水流均匀且排污稳定时可以采用解析解模型。

②湖库数学模型。湖库数学模型选择要求见表 4-5。在模拟湖库水域形态规则、水流均匀且排污稳定时可以采用解析解模型。

表 4-4 河流数学模型适用条件

模型分类	模型空间分类						模型时间分类	
	零维模型	纵向一维模型	河网模型	平面二维	立面二维	三维模型	稳态	非稳态
适用条件	水域基本均匀混合	沿程横断面均匀混合	多条河道相互连通，使水流运动和污染物交换相互影响的河网地区	垂向均匀混合	垂向分层特征明显	垂向及平面分布差异明显	水流恒定、排污稳定	水流不恒定，或排污不稳定

表 4-5 湖库数学模型适用条件

模型分类	模型空间分类						模型时间分类	
	零维模型	纵向一维模型	平面二维	垂向一维	立面二维	三维模型	稳态	非稳态
适用条件	水流交换租用较充分、污染物质分布基本均匀	污染物在断面上均匀混合的河道型水库	浅水湖库，垂向分层不明显	深水湖库，水平分布差异不明显，存在垂向分层	深水湖库，横向分布差异不明显，存在垂向分层	垂向及平面分布差异明显	流场恒定、源强稳定	流场不恒定或源强不稳定

③感潮河段、入海河口数学模型。污染物在断面上均匀混合的感潮河段、入海河口，可采用纵向一维非恒定数学模型，感潮河网区宜采用一维河网数学模型。浅水感潮河段和入海河口宜采用平面二维非恒定数学模型。如感潮河段、入海河口的下边界难以确定，宜采用一维、二维连接数学模型。

④近岸海域数学模型。近岸海域宜采用平面二维非恒定模型。如果评价海域的水流和水质分布在垂向上存在较大的差异（如排放口附近水域），宜采用三维数学模型。

4.6.6 模型概化

当选用解析解方法进行水环境影响预测时，可对预测水域进行合理的概化。

（1）河流水域概化要求

预测河段及代表性断面的宽深比≥20 时，可视为矩形河段；河段弯曲系数＞1.3 时，可视为弯曲河段；其余可概化为平直河段；对于河流水文特征值、水质急剧变化的河段，应分段概化，并分别进行水环境影响预测；河网应分段概化，分别进行水环境影响预测。

（2）湖库水域概化

根据湖库的入流条件、水力停留时间、水质及水文分布等情况，分别概化为稳定分层型、混合型和不稳定分层型。

（3）受人工控制的河流

根据涉水工程（如水利水电工程）的运行调度方案及蓄水、泄流情况，视其为水库或河流，从而进行水环境影响预测。

（4）入海河口、近岸海域概化

可将潮区界作为感潮河段的边界；采用解析解方法进行水环境影响预测时，可按潮周平均、高潮平均和低潮平均 3 种情况，概化为稳态进行预测；预测近岸海域可溶性物质水质分布时，可只考虑潮汐作用，预测密度小于海水的不可溶物质时应考虑潮汐、波浪及风的作用；注入近岸海域的小型河流可视为点源，可忽略其对近岸海域流场的影响。

4.6.7　基础数据要求

1）水文气象、水下地形等基础数据原则上应与工程设计保持一致，采用其他数据时，应说明数据来源、有效性及数据预处理情况。获取的基础数据应能够支持模型参数率定、模型验证的基本需求。

①水文数据。水文数据应采用水文站点实测数据或根据站点实测数据进行推算，数据精度应与模拟预测结果精度要求匹配。河流、湖库建设项目水文数据时间精度应根据建设项目调控影响的时空特征，分析典型时段的水文情势与过程变化影响，涉及日调度影响的，时间精度宜不小于 1 h。感潮河段、入海河口及近岸海域建设项目应考虑盐度对污染物运移扩散的影响，一级评价精度不得低于 1 h。

②气象数据。气象数据应根据模拟范围内或附近的常规气象监测站点数据进行合理确定。气象数据应采用多年平均气象资料或典型实测气象资料数据。气象数据指标应包括气温、相对湿度、日照时数、降雨量、云量、风向、风速等。

③水下地形数据。采用数值解模型时，原则上应采用最新的现有或补充测绘成果，水下地形数据精度原则上应与工程设计保持一致。建设项目实施后可能导致河道地形改变的，如疏浚及堤防建设以及水底泥沙淤积造成的库底、河底高程发生的变化，应考虑地形变化的影响。

④涉水工程资料。包括预测范围内的已建、在建及拟建涉水工程，其取水量或工程调度情况、运行规则应与国家或地方发布的统计数据、环评及环保验收数据保持一致。

2）一致性及可靠性分析。对评价范围调查收集的水文资料（流速、流量、水位、蓄水量等）、水质资料、排放口资料（污水排放量与水质浓度）、支流资料（支流水量与水质浓度）、取水口资料（取水量、取水方式、水质数据）、污染源资料（排污量、排污去向与排放方式、污染物种类及排放浓度）等进行数据一致性分析，应明确模型采用基础数据的来源，保证基础数据的可靠性。

3）建设项目所在水环境控制单元如有国家生态环境主管部门发布的标准化土壤及土地利用数据、地形数据、环境水力学特征参数的，影响预测模拟时应优先使用标准化数据。

4.6.8 初始条件

初始条件（水文、水质、水温等）设定应满足所选用数学模型的基本要求，须合理确定初始条件，控制预测结果不受初始条件的影响。当初始条件对计算结果的影响在短时间内无法有效消除时，应延长模拟计算的初始时间，必要时应开展初始条件敏感性分析。

4.6.9 边界条件

（1）设计水文条件确定要求

1）河流、湖库设计水文条件要求

①河流不利枯水条件宜采用 90%保证率最枯月流量或近 10 年最枯月平均流量：流量不定的河网地区和潮汐河段，宜采用 90%保证率流速为零时的低水位相应水量作为不利枯水水量；湖库不利枯水条件应采用近 10 年最低月平均水位或 90%保证率最枯月平均水位相应的蓄水量，水库也可采用死库容相应的蓄水量。其他水期的设计水量则应根据水环境影响预测需求确定。

②受人工调控的河段，可采用最小下泄流量或河道内生态流量作为设计流量。

③根据设计流量，采用水力学、水文学等方法，确定水位、流速、河宽、水深等其他水力学数据。

2）入海河口、近岸海域设计水文条件要求

①感潮河段、入海河口的上游水文边界条件参照河流、湖库设计水文条件的要求确定，下游水位边界的确定，应选择对应时段潮周期作为基本水文条件进行计算，可取用保证率为 10%、50%和 90%潮差，或上游计算流量条件下相应的实测潮位过程。

②近岸海域的潮位边界条件界定，应选择一个潮周期作为基本水文条件，选用历史实测潮位过程或人工构造潮型作为设计水文条件。

（2）污染负荷的确定要求

根据预测情景，确定各情景下建设项目排放的污染负荷量，应包括建设项目所有排放口（涉及一类污染物的车间或车间处理设施排放口、企业总排口、雨水排放口、温排水排放口等）的污染物源强。

应覆盖预测范围内所有与建设项目排放污染物相关的污染源或污染源负荷占预测范围总污染负荷的比例超过 95%。

规划水平年污染源负荷预测要求：①点源及面源污染源负荷预测要求。应包括已建、在建及拟建项目的污染物排放，综合考虑区域经济社会发展及水污染防治规划、区（流）域环境质量改善目标要求，按照点源、面源分别确定预测范围内的污染源的排放量与入河量。采用面源模型预测规划水平年污染负荷时，面源模型的构建、率定、验证等要求参照本章 4.6.10 相关规定执行。②内源负荷预测要求。内源负荷估算可采用释放系数法，必要时可采用释放动力学模型方法。内源释放系数可采用静水、动水试验进行测定或者参考类似工程资料确定；水环境影响敏感且资料缺乏区域需开展静水试验、动水试验确定释放系数；类比时需结合施工工艺、沉积物类型、水动力等因素进行修正。

4.6.10　参数确定与验证要求

水动力及水质模型参数包括水文及水力学参数、水质（包括水温及富营养化）参数等。其中水文及水力学参数包括流量、流速、坡度、糙率等；水质参数包括污染物总和衰减系数、扩散系数、耗氧系数、复氧系数、蒸发散热系数等。

模型参数确定可采用类比、经验公式、实验室测定、物理模型试验、现场实测及模型率定等，可以采用多类方法比对确定模型参数。当采用数值解模型时，宜采用模型率定法核定模型参数。在模型参数确定的基础上，通过模型计算结果与实测数据进行比较分析，验证模型的适用性与误差及精度。选择模型率定法确定模型参数的，模型验证应采用模型参数率定不同组实测资料数据进行。应对模型参数确定与模型验证的过程和结果进行分析说明，并以河宽、水深、流速、流量以及主要预测的模拟结果作为分析依据，当采用二维或三维模型时，应开展流场分析。模型验证应分析模拟结果与实测结果的拟合情况，阐明模型参数率定取值的合理性。

4.6.11　预测点位设置及结果合理性分析要求

（1）预测点位设置要求

应将常规监测点、补充监测点、水环境保护目标、水质水量突变处及控制断面等作为预测重点。当需要预测排放口所在水域形成的混合区范围时，应适当加密预测点位。

（2）模型结果合理性分析

模型计算成果的内容、精度和深度应满足环境影响评价要求。采用数值解模型进行影响预测时，应说明模型时间步长、空间步长设定的合理性，在必要的情况下应对模拟结果开展质量或热量守恒分析。应对模型计算的关键影响区域和重要影响时段的流场、流速分布、水质（水温）等模拟结果进行分析，并给出相关图件。对于区域水环境影响较大的建设项目，宜采用不同模型进行比对分析。

4.7 环境影响评价

4.7.1 评价内容

一级、二级、水污染影响型三级 A 及水文要素影响型三级评价内容包括：水污染控制和水环境影响减缓措施有效性评价；水环境影响评价。

水污染影响型三级 B 评价内容包括：水污染控制和水环境影响减缓措施有效性评价；依托污水处理设施的环境可行性评价。

4.7.2 评价要求

（1）水污染控制和水环境影响减缓措施有效性评价

水污染控制和水环境影响减缓措施有效性评价应满足以下要求：

①污染控制措施及各类排放口排放浓度限值等应满足国家和地方相关排放标准及符合有关标准规定的排水协议关于水污染物排放的条款要求。

②水动力影响、生态流量、水温影响减缓措施应满足水环境保护目标的要求。

③涉及面源污染的，应满足国家和地方有关面源污染控制治理要求。

④受纳水体环境质量达标区的建设项目选择废水处理措施或多方案比选时，应满足行业污染防治可行技术指南要求，确保废水稳定达标排放且环境影响可以接受。

⑤受纳水体环境质量不达标区的建设项目选择废水处理措施或多方案比选时，应满足区（流）域水环境质量限期达标规划和替代源的削减方案要求、区（流）域环境质量改善目标要求及行业污染防治可行技术指南中最佳可行技术要求，确保废水污染物达到最低排放强度和排放浓度，且环境影响可以接受。

（2）水环境影响评价

水环境影响评价应满足以下要求：

①排放口所在水域形成的混合区，应限制在达标控制（考核）断面以外水域，且不得与已有排放口形成的混合区叠加，混合区外水域应满足水环境功能区或水功能区的水质目标要求。

②水环境功能区或水功能区、近岸海域环境功能区水质达标。说明建设项目对评价范围内的水环境功能区或水功能区、近岸海域环境功能区的水质影响特征，分析水环境功能区或水功能区、近岸海域环境功能区水质变化状况，在考虑叠加影响的情况下，评价建设项目建成以后各预测时期水环境功能区或水功能区、近岸海域环境功能区达标情

况。涉及富营养化问题的，还应评价水温、水文要素、营养盐等变化特征与趋势，分析判断富营养化演变趋势。

③满足水环境保护目标水域水环境质量要求。评价水环境保护目标水域各预测时期的水质（包括水温）变化特征、影响程度与达标状况。

④水环境控制单元或断面水质达标。说明建设项目污染排放或水文要素变化对所在控制单元各预测时期的水质影响特征，在考虑叠加影响的情况下，分析水环境控制单元或断面的水质变化状况，评价建设项目建成以后水环境控制单元或断面在各预测时期的水质达标情况。

⑤满足重点水污染物排放总量控制指标要求，重点行业建设项目，主要污染物排放满足等量或减量替代要求。

⑥满足区（流）域水环境质量改善目标要求。

⑦水文要素影响型建设项目同时应包括水文情势变化评价、主要水文特征值影响评价、生态流量符合性评价。

⑧对于新设或调整入河（湖库、近岸海域）排放口的建设项目，应包括排放口设置的环境合理性评价。

⑨满足“三线一单”（生态保护红线、水环境质量底线、资源利用上线和环境准入清单）管理要求。

（3）依托污水处理设施的环境可行性评价

依托污水处理设施的环境可行性评价，主要从污水处理设施的日处理能力、处理工艺、设计进水水质、处理后的废水稳定达标排放情况及排放标准是否涵盖建设项目排放的有毒有害的特征水污染物等方面开展评价，满足依托的环境可行性要求。

4.7.3　污染源排放量核算

（1）一般要求

污染源排放量是新（改、扩）建项目申请污染物排放许可的依据。

对改建、扩建项目，除应核算新增源的污染物排放量外，还应核算建成后全厂的污染物排放量，污染源排放量为污染物的年排放量。

建设项目在批复的区域或水环境控制单元达标方案的许可排放量分配方案中有规定的，按规定执行。

污染源排放量核算，应在满足水环境影响评价要求的前提下进行。

规划环评污染源排放量核算与分配应遵循水陆统筹、河海兼顾、满足“三线一单”约束要求的原则，综合考虑水环境质量改善目标要求、水环境功能区或水功能区、近岸海域环境功能区管理要求、经济社会发展、行业排污绩效等因素，确保发展不超载、底线不突破。

（2）间接排放建设项目

间接排放建设项目污染源排放量核算根据依托污水处理设施的控制要求核算确定。

（3）直接排放建设项目

直接排放建设项目污染源排放量核算，根据建设项目达标排放的地表水环境影响、污染源源强核算技术指南及排污许可申请与核发技术规范进行核算，并从严要求。

直接排放建设项目污染源排放量核算应在满足水环境影响评价要求的基础上，遵循以下原则要求：

①污染源排放量的核算水体为有水环境功能要求的水体。

②建设项目排放的污染物属于现状水质不达标的，包括本项目在内的区（流）域污染源排放量应调减至满足区（流）域水环境质量改善目标要求。

③当受纳水体为河流时，对于不受回水影响的河段，建设项目污染源排放量核算断面位于排放口下游，与排放口的距离应小于 2 km；对于受回水影响的河段，应在排放口的上、下游设置建设项目污染源排放量核算断面，与排放口的距离应小于 1 km。建设项目污染源排放量核算断面应根据区间水环境保护目标位置、水环境功能区或水功能区及控制单元断面等情况调整。当排放口污染物进入受纳水体在断面混合不均匀时，应以污染源排放量核算断面污染物最大浓度作为评价依据。

④当受纳水体为湖库时，建设项目污染源排放量核算点位应布置在以排放口为中心、半径不超过 50 m 的扇形水域内，且扇形面积占湖库面积比例不超过 5%，核算点位应不少于 3 个。建设项目污染源排放量核算点应根据区间水环境保护目标位置、水环境功能区或水功能区及控制单元断面等情况调整。

⑤遵循地表水环境质量底线要求，主要污染物（化学需氧量、氨氮、总磷、总氮）需预留必要的安全余量。安全余量可按地表水环境质量标准、受纳水体环境敏感性等确定：受纳水体为 GB 3838 Ⅲ类水域，以及涉及水环境保护目标的水域，安全余量按照不低于建设项目污染源排放量核算断面（点位）处环境质量标准的 10%确定（安全余量≥环境质量标准×10%）；受纳水体水环境质量标准为 GB 3838 Ⅳ、Ⅴ类水域，安全余量按照不低于建设项目污染源排放量核算断面（点位）环境质量标准的 8%确定（安全余量≥环境质量标准×8%）；地方如有更严格的环境管理要求，按地方要求执行。

⑥当受纳水体为近岸海域时，参照 GB 18486 执行。

按照上述直接排放污染源核算要求预测评价范围的水质状况，如预测的水质因子满足地表水环境质量管理及安全余量要求，污染源排放量即水污染控制措施有效性评价确定的排污量；如果不满足地表水环境质量管理及安全余量要求，则进一步根据水质目标核算污染源排放量。

4.7.4　生态流量确定

（1）一般要求

根据河流、湖库生态环境保护目标的流量（水位）及过程需求确定生态流量（水位）。河流应确定生态流量，湖库应确定生态水位。

根据河流和湖库的形态、水文特征及生物重要生境分布，选取代表性的控制断面综合分析评价河流和湖库的生态环境状况、主要生态环境问题等。生态流量控制断面或点位选择应结合重要生境和重要环境保护对象等保护目标的分布、水文站网分布以及重要水利工程位置等统筹考虑。

依据评价范围内各水环境保护目标的生态环境需水确定生态流量，生态环境需水的计算方法可参考有关标准规定执行。

（2）河流、湖库生态环境需水计算要求

1）河流生态环境需水

河流生态环境需水包括水生生态需水、水环境需水、湿地需水、景观需水、河口压咸需水等。应根据河流生态环境保护目标要求，选择合适方法计算河流生态环境需水及其过程，符合以下要求：

①水生生态需水计算中，应采用水力学法、生态水力学法、水文学法等方法计算水生生态流量。水生生态流量最少采用两种方法计算，基于不同计算方法成果对比分析，合理选择水生生态流量成果；鱼类繁殖期的水生生态需水宜采用生境分析法计算，确定繁殖期所需的水文过程，并取外包线作为计算成果，鱼类繁殖期所需水文过程应与天然水文过程相似。水生生态需水应为水生生态流量与鱼类繁殖期所需水文过程的外包线。

②水环境需水应根据水环境功能区或水功能区确定控制断面水质目标，结合计算范围内的河段特征和控制断面与概化后污染源的位置关系，采用本章 4.6.5 的数学模型方法计算水环境需水。

③湿地需水应综合考虑湿地水文特征和生态保护目标需水特征，综合不同方法合理确定湿地需水。河岸植被需水量采用单位面积用水量法、潜水蒸发法、间接计算法、彭曼公式法等方法计算；河道内湿地补给水量采用水量平衡法计算。保护目标在繁育生长关键期对水文过程有特殊需求时，应计算湿地关键期需水量及过程。

④景观需水应综合考虑水文特征和景观保护目标要求，确定景观需水。

⑤河口压咸需水应根据调查成果，确定河口类型，可采用 HJ 2.3—2018 附录 E 中的相关数学模型计算河口压咸需水。

⑥其他需水应根据评价区域实际情况进行计算，主要包括冲沙需水、河道蒸发和渗漏需水等。对于多泥沙河流，需考虑河流冲沙需水计算。

2）湖库生态环境需水

①湖库生态环境需水包括维持湖库生态水位的生态环境需水及入（出）湖河流生态环境需水。湖库生态环境需水可采用最小值、年内不同时段值和全年值表示。

②湖库生态环境需水计算中，可采用不同频率最枯月平均值法或近10年最枯月平均水位法确定湖库生态环境需水最小值。年内不同时段值应根据湖库生态环境保护目标所对应的生态环境功能，分别计算各项生态环境功能敏感水期要求的需水量。维持湖库形态功能的水量，可采用湖库形态分析法计算。维持生物栖息地功能的需水量，可采用生物空间法计算。

③入（出）湖库河流的生态环境需水应根据本节1）的①部分计算确定，计算成果应与湖库生态水位计算成果相协调。

（3）河流、湖库生态流量综合分析与确定

河流应根据水生生态需水、水环境需水、湿地需水、景观需水、河口压咸需水和其他需水等计算成果，考虑各项需水的外包关系和叠加关系，综合分析需水目标要求，确定生态流量。湖库应根据湖库生态环境需水确定最低生态水位及不同时段内的水位。

应根据国家或地方政府批复的综合规划、水资源规划、水环境保护规划等成果中相关的生态流量控制等要求，综合分析生态流量成果的合理性。

4.8 环境保护措施与监测计划

4.8.1 一般要求

在建设项目污染控制治理措施与废水排放满足排放标准与环境管理要求的基础上，针对建设项目实施可能造成地表水环境不利影响的阶段、范围和程度，提出预防、治理、控制、补偿等环保措施或替代方案等内容，并制订监测计划。

水环境保护对策措施的论证应包括水环境保护措施的内容、规模及工艺、相应投资、实施计划，所采取措施的预期效果、达标可行性、经济技术可行性及可靠性分析等内容。

对水文要素影响型建设项目，应提出减缓水文情势影响，保障生态需水的环保措施。

4.8.2 水环境保护措施

对于建设项目可能产生的水污染物，需通过优化生产工艺和强化水资源的循环利用，提出减少污水产生量与排放量的环保措施，并对污水处理方案进行技术经济及环保论证比选，明确污水处理设施的位置、规模、处理工艺、主要构筑物或设备、处理效率；采取的污水处理方案要实现达标排放，满足总量控制指标要求，并对排放口设置及排放方式进行环保论证。

达标区建设项目选择废水处理措施或多方案必选时，应综合考虑成本和治理效果，选择可行技术方案。不达标区建设项目选择废水处理措施或多方案必选时，应优先考虑治理效果，结合区（流）域水环境质量改善目标、替代源的消减方案实施情况，确保废水污染物达到最低排放强度和排放浓度。

对于水文要素影响型建设项目，应考虑保护水域生境和水生态系统的水文条件以及生态环境用水的基本需求，提出优化运行调度方案或下泄流量及过程，并明确相应的泄放保障措施与监控方案。

对于建设项目引起的水温变化可能对农业、渔业生产或鱼类繁殖与生长等产生的不利影响，应提出水温影响减缓措施。对于产生低温水影响的建设项目，对其取水与泄水建筑物的工程方案提出环保优化建议，可采取分层取水设施、合理利用水库洪水调度运行方式等。对于产生温排水影响的建设项目，可采取优化冷却方式减少排放量，通过余热利用措施降低热污染强度，合理选择温排水口的布置和形式，控制高温区范围等。

4.8.3　监测计划

按建设项目建设期、生产运行期、服务期满后等不同阶段，针对不同工况、不同地表水环境影响的特点，根据 HJ 819、HJ/T 92、相应的污染源源强核算技术指南和自行监测技术指南，提出水污染源的监测计划，包括监测点位、监测因子、监测频次、监测数据采集与处理、分析方法等。明确自行监测计划内容，提出应向社会公开的信息内容。

提出地表水环境质量监测计划，包括监测断面或点位位置（经纬度）、监测因子、监测频率、监测数据采集与处理、分析方法等。明确自行监测计划内容，提出应向社会公开的信息内容。

监测因子需与评价因子相协调。地表水环境质量监测断面或点位设置需与水环境现状监测、水环境影响预测的断面或点位相协调，并应强化其代表性、合理性。

建设项目排放口应根据污染物排放特点、相关规定设置监测系统，排放口附近有重要水环境功能区或水功能区及特殊用水需求时，应对排放口下游控制断面进行定期监测。

对下泄流量有泄放要求的建设项目，在闸坝下游应设置生态流量监测系统。

习　题

1. 名词解释

（1）水污染当量；（2）生态流量；（3）安全余量。

2. 水污染影响型建设项目评价因子的筛选应符合哪些要求？

3. 建设项目地表水环境影响评价等级的确定依据是什么？

4. 建设项目地表水环境影响预测有哪些模型，如何选择模型？

5. 受纳水体为河流时，对照断面、控制断面与削减断面有哪些区别？

6. 水污染控制和水环境影响减缓措施有效性评价应满足哪些要求？

7. 直接排放建设项目污染源排放量核算应满足哪些要求？

8. 河流、湖库生态环境需水计算有哪些要求？

9. 当水温为25℃时，计算盐度比较高的湖泊、水库及入海河口、近岸海域的饱和溶解氧浓度。

10. 某河边拟建工厂排放含铅废水，预测废水排放量为 1.9 m^3/s，废水中含铅 0.5 mg/L。该河流流量为 80 m^3/s，上游含铅浓度为 0.01 mg/L。若该废水排入该河后能与河水迅速混合，试计算河水中铅的浓度，并判断是否影响该河流作为三类水域的功能。

11. 某水域经 5 次监测溶解氧的浓度分别为 5.6 mg/L、6.1 mg/L、4.5 mg/L、4.8 mg/L、5.8 mg/L，请用内梅罗法计算溶解氧的统计浓度值。

12. 气温为 23℃时，某河段溶解氧浓度为 6.5 mg/L，已知该河段属于Ⅲ类水体，求溶解氧的单项指数值。

13. 某水样 pH 为 13，如采用单项指数法评价，其指数为多少？

第5章 地下水环境影响评价

5.1 水文地质基础知识

5.1.1 地下水赋存条件

（1）岩石中的空隙

地下水指地面以下饱和含水层中的重力水，赋存于岩石空隙中，岩石空隙既是地下水的储容场所，又是地下水的运动通道。空隙的多少、大小、连通情况及分布规律，决定着地下水分布与运动的特点。将空隙作为地下水的储容场所与运动通道研究时，可以分为以下3类：

①松散岩类中的孔隙松散岩类由大大小小的颗粒组成，在颗粒或颗粒的集合体之间存在相互连通的空隙，因是小孔状，称作孔隙。

②坚硬岩石中的裂隙固结的坚硬岩石，包括沉积岩、岩浆岩与变质岩。其中不存在或很少存在颗粒之间的孔隙，岩石中主要存在各种成因的裂隙，即成岩裂隙、构造裂隙与风化裂隙。

③易溶岩石中的溶穴与溶蚀裂隙易溶的沉积岩，如岩盐、石膏、石灰岩、白云岩等，由于地下水对裂隙面的溶蚀而成溶蚀裂隙，进一步溶蚀便形成空洞，即溶穴或称溶洞。

衡量岩石中空隙发育程度的指标是空隙度，对应以上3类空隙分别称孔隙率、裂隙率和岩溶率。

（2）岩石中水的存在形式

岩石中存在各种形式的水。存在于岩石空隙中的有结合水、重力水及毛细水，另外还有气态水和固态水。组成岩石的矿物中则有矿物结晶水。

①结合水。松散岩类的颗粒表面及坚硬岩石的裂隙壁面均带有电荷，水分子受静电作用在固体表面受到强大的吸力，排列较紧密，随着距离增大，吸力逐渐减弱，水分子

排列渐为稀疏。受到固体表面的吸力大于其自身重力的那部分水便是结合水。结合水被束缚在固体表面，不能在重力作用下自由运动。

②重力水。距离固体表面更远的那部分水分子，重力影响大于固相表面的吸引力，因而能在自身重力作用下自由运动，这部分水就是重力水。

③毛细水。松散岩类中细小孔隙通道可构成毛细管。在毛细力的作用下，地下水存在于地下水面以上的包气带中。细小孔隙上升到一定高度，这种既受重力又受毛细力作用的水称为毛细水。毛细水广泛存在于地下水面以上的包气带中。

（3）与地下水储容、运移有关的岩石性质

①空隙的大小。当空隙足够大时，空隙中既有结合水又有重力水；微细的空隙，若颗粒间距小于结合水厚度的两倍，空隙中便全部充满结合水，而不存在重力水。在黏性土的微细孔隙及基岩的闭合裂隙中，几乎全部充满着结合水。而沙砾石、具有宽大张开裂隙及溶穴的岩层中，几乎全是重力水，结合水的量微不足道。

②容水度。即岩石中所能容纳的最大的水的体积与溶水岩石体积之比，以小数或百分数表示。显然，在数值上溶水度与孔隙率、裂隙率、岩溶率相等。但是，对于膨胀性的黏土来说，充水后体积扩大，容水度可以大于孔隙率。

③持水度。饱水岩石在重力作用下释水时，一部分水从空隙中流出；另一部分水以结合水、触点毛细水的形式保持于空隙中。持水度是指受重力影响释水后岩石仍能保持的水的体积与岩石体积之比。

岩石空隙比表面积越大，结合水含量就越大，持水度也越大。颗粒细小的黏性土比表面积很大，有时其持水度可以等于容水度，即没有重力水；中、粗的持水度小；具有宽大张开裂隙与溶穴的岩石，持水度是微不足道的。

④给水度。饱水岩石在重力作用下释出的水的体积与岩石体积之比。给水度在数值上等于容水度减去持水度。粗颗粒、大空隙的岩石给水度接近容水度；黏性土及微细裂隙的岩石的给水度很小或等于零。

⑤岩石的透水性及其影响因素。岩石的透水性是指岩石允许水透过的能力，其定量指标是渗透系数。渗透系数是反映岩石透水性的重要指标，它反映了水在岩石中流动所受阻力情况，与空隙类型、大小及水的黏滞阻力有关。

5.1.2 地下水环境基础知识

地下水（groundwater）：赋存于地面以下岩土空隙中的水。

水文地质条件（hydrogeological condition）：地下水埋藏和分布、含水介质和含水构造等条件的总称。

包气带（vadose zone）：地面与地下水面之间和大气相通的，含有气体的地带。

饱水带（saturated zone）：地下水面以下，岩层的空隙全部被水充满的地带。

含水层（aquifer）：储存有地下水的透水岩层。

弱透水层（aquitard）：允许地下水以极小速度流动的弱导水岩层。

隔水层（aquifuge）：重力水流不能透过的土层或岩层。

潜水（phreatic water）：地面以下，第一个稳定隔水层以上具有自由水面的地下水。

承压水（confined water）：充满于上下两个相对隔水层间的具有承压性质的地下水。

地下水补给区（groundwater recharge zone）：含水层出露或接近地表接受大气降水和地表水等入渗补给的地区。

地下水排泄区（groundwater discharge zone）：含水层的地下水向外部排泄的范围。

地下水径流区（groundwater runoff zone）：含水层的地下水从补给区至排泄区的流经范围。

集中式饮用水水源（centralized drinking groundwater source）：进入输水管网送达用户的且具有一定供水规模（供水人口一般不小于 1 000 人）的现用、备用和规划的地下水饮用水水源。

分散式饮用水水源地（distributed drinking groundwater source）：供水小于一定规模（供水人口一般小于 1 000 人）的地下水饮用水水源地。

地下水环境现状值（current value of groundwater quality）：建设项目实施前的地下水环境质量监测值。

地下水污染对照值（control value of groundwater contamination）：调查评价区内有历史记录的地下水水质指标统计值，或调查评价区内受人类活动影响程度较小的地下水水质指标统计值。

地下水污染（groundwater contamination）：人为原因直接导致地下水化学、物理、生物性质改变，使地下水水质恶化的现象。

正常状况（normal condition）：建设项目的工艺设备和地下水环境保护措施均达到设计要求条件下的运行状况。如防渗系统的防渗能力达到设计要求，防渗系统完好，验收合格。

非正常状况（unnormal condition）：建设项目的工艺设备或地下水环境保护措施因系统老化、腐蚀等原因不能正常运行或保护效果达不到设计要求时的运行状况。

地下水环境敏感目标（sensitive target of groundwater environment）：是指集中式地下水饮用水水源、分散式地下水饮用水水源地，以及《建设项目环境影响评价分类管理名录》中所界定的涉及地下水的环境敏感区。

规划区域（planning region）：政府基于某些建设或开发目标划定的具有一定行政边界的空间范围。

5.2 地下水环境影响评价工作程序

地下水环境影响评价工作可划分为准备阶段、现状调查与评价阶段、影响预测与评价阶段和结论阶段。

（1）准备阶段

搜集和分析国家和地方有关地下水环境保护的法律、法规、政策、标准及相关规划等资料；了解建设项目工程概况，进行初步工程分析，识别建设项目对地下水环境可能造成的直接影响；开展现场踏勘工作，识别地下水环境敏感程度；确定评价工作等级、评价范围以及评价重点。

（2）现状调查与评价阶段

开展现场调查、勘探、地下水监测、取样、分析、室内外试验和室内资料分析等工作，进行现状评价。

（3）影响预测与评价阶段

进行地下水环境影响预测，依据国家、地方有关地下水环境的法规及标准，评价建设项目对地下水环境可能造成的直接影响。

（4）结论阶段

综合分析各阶段成果，提出地下水环境保护措施与防控措施，制订地下水环境影响跟踪监测计划，给出地下水环境影响评价结论。

地下水环境影响评价工作程序见图 5-1。

5.3 地下水环境影响评价工作分级

5.3.1 划分原则

评价工作等级的划分应依据建设项目行业分类和地下水环境敏感程度分级进行判定，可划分为一级、二级、三级。

5.3.2 评价工作等级划分

（1）划分依据

根据《环境影响评价技术导则　地下水环境》（HJ 610—2016）附录 A 确定建设项目所属的地下水环境影响评价项目类别。

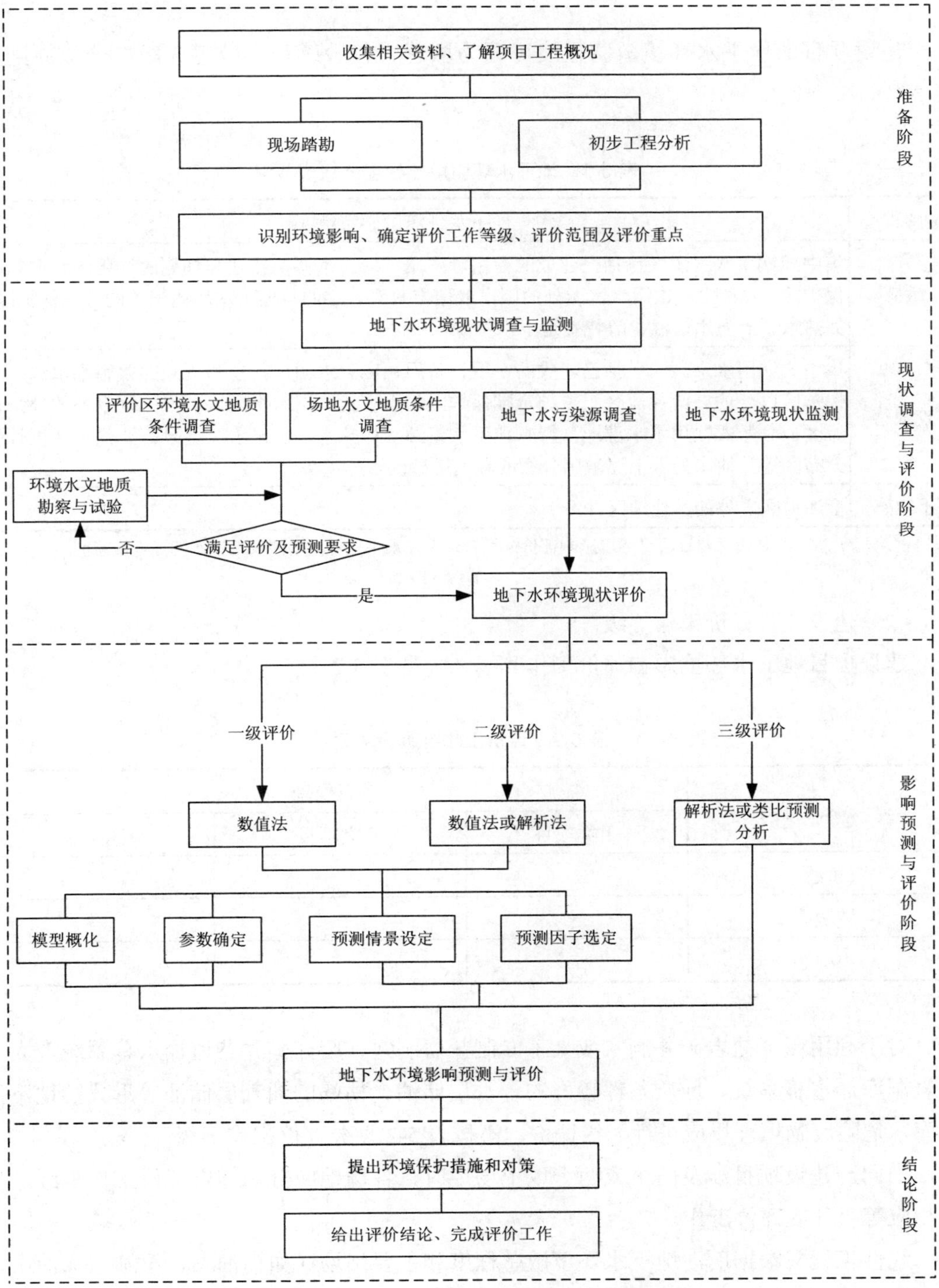

图 5-1　地下水环境影响评价工作程序

建设项目的地下水环境敏感程度可分为敏感、较敏感、不敏感 3 级，分级原则见表 5-1。

表 5-1 地下水环境敏感程度分级表

敏感程度	地下水环境敏感特征
敏感	集中式饮用水水源（包括已建成的在用、备用、应急水源，在建和规划的饮用水水源）准保护区；除集中式饮用水水源外的国家或地方政府设定的与地下水环境相关的其他保护区，如热水、矿泉水、温泉等特殊地下水资源保护区
较敏感	集中式饮用水水源（包括已建成的在用、备用、应急水源，在建和规划的饮用水水源）准保护区以外的补给径流区；未划定准保护区的集中式饮用水水源，其保护区以外的补给径流区；分散式饮用水水源地；特殊地下水资源（如热水、矿泉水、温泉等）保护区以外的分布区等其他未列入上述敏感分级的环境敏感区[a]
不敏感	上述地区之外的其他地区

注：[a]“环境敏感区”是指《建设项目环境影响评价分类管理名录》中所界定的涉及地下水的环境敏感区。

（2）建设项目评价工作等级

建设项目地下水环境影响评价工作等级划分见表 5-2。

表 5-2 评价工作等级分级表

环境敏感程度	项目类别		
	Ⅰ类项目	Ⅱ类项目	Ⅲ类项目
敏感	一	一	二
较敏感	一	二	三
不敏感	二	三	三

对于利用废弃盐岩矿井洞穴或人工专制盐岩洞穴、废弃矿井巷道加水幕系统、人工硬岩洞库加水幕系统、地质条件较好的含水层储油、枯竭的油气层储油等形式的地下储油库，危险废物填埋场应进行一级评价，不按表 5-2 划分评价工作等级。

当同一建设项目涉及两个或两个以上场地时，各场地应分别判定评价工作等级，并按相应等级开展评价工作。

线性工程应根据所涉地下水环境敏感程度和主要站场（如输油站、泵站、加油站、机务段、服务站等）位置进行分段判定评价工作等级，并按相应等级分别开展评价工作。

5.3.3　地下水环境影响评价技术要求

（1）原则性要求

地下水环境影响评价应充分利用已有资料和数据，当已有资料和数据不能满足评价工作要求时，应开展相应评价工作等级要求的补充调查，必要时进行勘察试验。

（2）一级评价要求

①详细掌握调查评价区环境水文地质条件，主要包括含（隔）水层结构及其分布特征、地下水补径排条件、地下水流场、地下水动态变化特征、各含水层之间以及地表水与地下水之间的水力联系等，详细掌握调查评价区内地下水开发利用现状与规划。

②开展地下水环境现状监测，详细掌握调查评价区地下水环境质量现状和地下水动态监测信息，进行地下水环境现状评价。

③基本查清场地环境水文地质条件，有针对性地开展勘察试验，确定场地包气带特征及其防污性能。

④采用数值法进行地下水环境影响预测，对于不宜概化为等效多孔介质的地区，可根据自身特点选择适宜的预测方法。

⑤预测评价应结合相应环保措施，针对可能的污染情景，预测污染物运移趋势，评价建设项目对地下水环境保护目标的影响。

⑥根据预测评价结果和场地包气带特征及其防污性能，提出切实可行的地下水环境保护措施与地下水环境影响跟踪监测计划，制订应急预案。

（3）二级评价要求

①基本掌握调查评价区的环境水文地质条件，主要包括含（隔）水层结构及其分布特征、地下水补径排条件、地下水流场等；了解调查评价区地下水开发利用现状与规划。

②开展地下水环境现状监测，基本掌握调查评价区地下水环境质量现状，进行地下水环境现状评价。

③根据场地环境水文地质条件的掌握情况，有针对性地补充必要的勘察试验。

④根据建设项目特征、水文地质条件及资料掌握情况，采用数值法或解析法进行影响预测，评价对地下水环境保护目标的影响。

⑤提出切实可行的环境保护措施与地下水环境影响跟踪监测计划。

（4）三级评价要求

①了解调查评价区和场地环境水文地质条件。

②基本掌握调查评价区的地下水补径排条件和地下水环境质量现状。

③采用解析法或类比分析法进行地下水环境影响分析与评价。

④提出切实可行的环境保护措施与地下水环境影响跟踪监测计划。

（5）其他技术要求

①一级评价要求场地环境水文地质资料的调查精度应不低于1∶10 000比例尺，调查评价区的环境水文地质资料的调查精度应不低于1∶50 000比例尺。

②二级评价环境水文地质资料的调查精度要求能够清晰反映建设项目与环境敏感区、地下水环境保护目标的位置关系，并根据建设项目特点和水文地质条件复杂程度确定调查精度，建议以不低于1∶50 000比例尺为宜。

5.4 地下水环境现状调查与评价

5.4.1 调查与评价原则

1）地下水环境现状调查与评价工作应遵循资料收集与现场调查相结合、项目所在场地调查（勘察）与类比考察相结合、现状监测与长期动态资料分析相结合的原则。

2）地下水环境现状调查与评价工作的深度应满足相应的工作级别要求。当现有资料不能满足要求时，应通过组织现场监测或环境水文地质勘察与试验等方法获取。

3）对于一级、二级评价的改、扩建类建设项目，应开展现有工业场地的包气带污染现状调查。

4）对于长输油品、化学品管线等线性工程，调查评价工作应重点针对场站、服务站等可能对地下水产生污染的地区开展。

5.4.2 调查评价范围

（1）基本要求

地下水环境现状调查评价范围应包括与建设项目相关的地下水环境保护目标，以能说明地下水环境的现状，反映调查评价区地下水基本流场特征，满足地下水环境影响预测和评价为基本原则。

污染场地修复工程项目的地下水环境影响现状调查参照《建设用地土壤污染状况调查 技术导则》（HJ 25.1—2019）执行。

（2）调查评价范围确定

①建设项目（除线性工程外）地下水环境影响现状调查评价范围可采用公式计算法、查表法和自定义法确定。

当建设项目所在地水文地质条件相对简单，且所掌握的资料能够满足公式计算法的要求时，应采用公式计算法确定；当不满足公式计算法的要求时，可采用查表法确定。当计算或查表范围超出所处水文地质单元边界时，应以所处水文地质单元边界为宜。

a）公式计算法。

$$L=\alpha \cdot K \cdot I \cdot T/n_e \tag{5-1}$$

式中，L——下游迁移距离，m；

α——变化系数，$\alpha \geqslant 1$，一般取 2；

K——渗透系数，m/d，常见渗透系数见《环境影响评价技术导则　地下水环境》（HJ 610—2016）附录 B 表 B.1；

I——水力坡度，量纲一；

T——质点迁移天数，取值不小于 5 000 d；

n_e——有效孔隙度，量纲一。

b）查表法。参考表 5-3。

表 5-3　地下水环境现状调查评价范围参照表

评价工作等级	调查评价面积/km^2	备注
一级	≥20	应包括重要的地下水环境保护目标，必要时适当扩大范围
二级	6～20	
三级	≤6	

c）自定义法。可根据建设项目所在地水文地质条件自行确定，须说明理由。

②线性工程应以工程边界两侧分别向外延伸 200 m 作为调查评价范围；穿越饮用水水源准保护区时，调查评价范围应至少包含水源保护区；线性工程站场的调查评价范围确定参照建设项目（除线性工程外）方法。

5.4.3　调查内容与要求

（1）水文地质条件调查

在充分收集资料的基础上，根据建设项目特点和水文地质条件复杂程度，开展调查工作，主要内容包括：

①气象、水文、土壤和植被状况。

②地层岩性、地质构造、地貌特征与矿产资源。

③包气带岩性、结构、厚度、分布及垂向渗透系数等。

④含水层岩性、分布、结构、厚度、埋藏条件、渗透性、富水程度等；隔水层（弱透水层）的岩性、厚度、渗透性等。

⑤地下水类型，地下水补、径、排条件。

⑥地下水水位、水质、水温、地下水化学类型。

⑦泉的成因类型、出露位置、形成条件、泉水流量、水质、水温及开发利用情况。

⑧集中供水水源地和水源井的分布情况（包括开采层的成井密度、水井结构、深度及开采历史）。

⑨地下水现状监测井的深度、结构及成井历史、使用功能。

⑩地下水环境现状值（或地下水污染对照值）。

场地范围内应重点调查③。

（2）地下水污染源调查

调查评价区内具有与建设项目产生或排放同种特征因子的地下水污染源。

对于一级、二级的改、扩建项目，应在可能造成地下水污染的主要装置或设施附近开展包气带污染现状调查，对包气带进行分层取样，一般在 0～20 cm 埋深范围内取一个样品，其他取样深度应根据污染源特征和包气带岩性、结构特征等确定，并说明理由。样品进行浸溶试验，测试分析浸溶液成分。

（3）地下水环境现状监测

建设项目地下水环境现状监测应通过对地下水水质、水位的监测，掌握或了解调查评价区地下水水质现状及地下水流场，为地下水环境现状评价提供基础资料。

污染场地修复工程项目的地下水环境现状监测参照《建设用地土壤污染风险管控和修复监测技术导则》（HJ 25.2—2019）执行。

1）现状监测点的布设原则

①地下水环境现状监测点采用控制性布点与功能性布点相结合的布设原则。监测点应主要布设在建设项目场地、周围环境敏感点、地下水污染源以及对于确定边界条件有控制意义的地点。当现有监测点不能满足监测位置和监测深度要求时，应布设新的地下水现状监测井，现状监测井的布设应兼顾地下水环境影响跟踪监测计划。

②监测层位应包括潜水含水层、可能受建设项目影响且具有饮用水开发利用价值的含水层。

③一般情况下，地下水水位监测点数以不小于相应评价级别地下水水质监测点数的 2 倍为宜。

④地下水水质监测点布设的具体要求如下：

a）监测点布设应尽可能靠近建设项目场地或主体工程，监测点数应根据评价工作等级和水文地质条件确定。

b）一级评价项目潜水含水层的水质监测点应不少于 7 个，可能受建设项目影响且具有饮用水开发利用价值的含水层 3～5 个。原则上建设项目场地上游和两侧的地下水水质监测点均不得少于 1 个，建设项目场地及其下游影响区的地下水水质监测点不得少于 3 个。

c）二级评价项目潜水含水层的水质监测点应不少于5个，可能受建设项目影响且具有饮用水开发利用价值的含水层水质监测点2～4个。原则上建设项目场地上游和两侧的地下水水质监测点均不得少于1个，建设项目场地及其下游影响区的地下水水质监测点不得少于2个。

d）三级评价项目潜水含水层水质监测点应不少于3个，可能受建设项目影响且具有饮用水开发利用价值的含水层水质监测点1～2个。原则上建设项目场地上游及下游影响区的地下水水质监测点各不得少于1个。

⑤管道型岩溶区等水文地质条件复杂的地区，地下水现状监测点应视情况确定，并说明布设理由。

⑥在包气带厚度超过100 m的地区或监测井较难布置的基岩山区，当地下水质监测点数无法满足④要求时，可视情况调整数量，并说明调整理由。一般情况下，该类地区一级、二级评价项目应至少设置3个监测点，三级评价项目可根据需要设置一定数量的监测点。

2）地下水水质现状监测取样要求

①应根据特征因子在地下水中的迁移特性选取适当的取样方法。

②一般情况下，只取一个水质样品，取样点深度宜在地下水位以下1.0 m左右。

③建设项目为改、扩建项目，且特征因子为DNAPLs（重质非水相液体）时，应至少在含水层底部取一个样品。

3）地下水水质现状监测因子

①检测分析地下水中K^+、Na^+、Ca^{2+}、Mg^{2+}、CO_3^{2-}、HCO_3^-、Cl^-、SO_4^{2-}的浓度。

②地下水水质现状监测因子原则上应包括两类：

a）基本水质因子，以pH、氨氮、硝酸盐、亚硝酸盐、挥发性酚类、氰化物、砷、汞、铬（六价）、总硬度、铅、氟、镉、铁、锰、溶解性总固体、高锰酸盐指数、硫酸盐、氯化物、总大肠菌群、细菌总数等以及背景值超标的水质因子为基础，可根据区域地下水水质状况、污染源状况适当调整。

b）特征因子，根据建设项目污废水成分（可参照HJ/T 2.3）、液体物料成分、固体废物浸出液成分等确定。可根据区域地下水水质状况、污染源状况适当调整。

4）地下水环境现状监测频率要求

①水位监测频率要求

a）评价工作等级为一级的建设项目，若掌握近3年内至少一个连续水文年的枯水期、平水期、丰水期地下水水位动态监测资料，评价期内应至少开展一期地下水水位监测；若无上述资料，应依据表5-4开展水位监测。

b）评价工作等级为二级的建设项目，若掌握近3年内至少一个连续水文年的枯水期、丰水期地下水水位动态监测资料，评价期可不再开展地下水水位现状监测；若无上述资料，应依据表 5-4 开展水位监测。

c）评价工作等级为三级的建设项目，若掌握近 3 年内至少一期的监测资料，评价期内可不再进行地下水水位现状监测；若无上述资料，应依据表 5-4 开展水位监测。

②基本水质因子的水质监测频率应参照表 5-4，若掌握近 3 年至少一期水质监测数据，基本水质因子可在评价期补充开展一期现状监测；特征因子在评价期内应至少开展一期现状监测。

③在包气带厚度超过 100 m 的评价区或监测井较难布置的基岩山区，若掌握近 3 年内至少一期的监测资料，评价期内可不进行地下水水位、水质现状监测；若无上述资料，至少开展一期现状水位、水质监测。

表 5-4　地下水环境现状监测频率参照表

分布区 \ 频次 \ 评价等级	水位监测频率			水质监测频率		
	一级	二级	三级	一级	二级	三级
山前冲（洪）积	枯平丰[a]	枯丰	一期	枯丰	枯	一期
滨海（含填海区）	二期[b]	一期	一期	一期	一期	一期
其他平原区	枯丰	一期	一期	枯	一期	一期
黄土地区	枯平丰	一期	一期	二期	一期	一期
沙漠地区	枯丰	一期	一期	一期	一期	一期
丘陵山区	枯丰	一期	一期	一期	一期	一期
岩溶裂隙	枯丰	一期	一期	枯丰	一期	一期
岩溶管道	二期	一期	一期	二期	一期	一期

注：a 枯平丰分别代表枯水期、平水期、丰水期。

b “二期”的间隔有明显水位变化，其变化幅度接近年内变幅。

5）地下水样品采集与现场测定

①地下水样品应采用自动式采样泵或人工活塞闭合式与敞口式定深采样器进行采集。

②样品采集前，应先测量井孔地下水水位（或地下水位埋深）并做好记录，然后采用潜水泵或离心泵对采样井（孔）进行全井（孔）清洗，抽汲的水量不得小于 3 倍的井筒水（量）体积。

③地下水水质样品的管理、分析化验和质量控制按照《地下水环境监测技术规范》（HJ/T 164）执行。pH、Eh、DO、水温等不稳定项目应在现场测定。

（4）环境水文地质勘察与试验

环境水文地质勘察与试验是在充分收集已有资料和地下水环境现状调查的基础上，为进一步查明含水层特征和获取预测评价中必要的水文地质参数而进行的工作。

除一级评价应进行必要的环境水文地质勘察与试验外，对环境水文地质条件复杂且资料缺少的地区，二级、三级评价也应在区域水文地质调查的基础上对场地进行必要的水文地质勘察。

环境水文地质勘察可采用钻探、物探和水土化学分析，以及室内外测试、试验等手段开展，具体参见相关标准与规范。

环境水文地质试验项目通常有抽水试验、注水试验、渗水试验、浸溶试验及土柱淋滤试验等，有关试验原则与方法参见《环境影响评价技术导则　地下水环境》（HJ 610—2016）附录 C。在评价工作过程中可根据评价工作等级和资料掌握情况选用。

进行环境水文地质勘察时，除采用常规方法外，还可采用其他辅助方法配合勘察。

5.4.4　地下水环境现状评价

（1）地下水水质现状评价

GB/T 14848 和有关法规及当地的环保要求是地下水环境现状评价的基本依据。对属于 GB/T 14848 水质指标的评价因子，应按其规定的水质分类标准值进行评价；对于不属于 GB/T 14848 水质指标的评价因子，可参照国家（行业、地方）相关标准（如 GB 3838、GB 5749、DZ/T 0290 等）进行评价。现状监测结果应进行统计分析，给出最大值、最小值、均值、标准差、检出率和超标率等。

地下水水质现状评价应采用标准指数法。标准指数＞1，表明该水质因子已超标，标准指数越大，超标越严重。标准指数计算公式分为以下两种情况：

①对于评价标准为定值的水质因子，其标准指数计算方法见式（5-2）：

$$P_i = \frac{C_i}{C_{si}} \tag{5-2}$$

式中，P_i——第 i 个水质因子的标准指数；

C_i——第 i 个水质因子的监测浓度值，mg/L；

C_{si}——第 i 个水质因子的标准浓度值，mg/L。

②对于评价标准为区间值的水质因子（如 pH），其标准指数计算方法见式（5-3）、式（5-4）：

$$P_{\mathrm{pH}} = \frac{7.0 - \mathrm{pH}}{7.0 - \mathrm{pH_{sd}}} \qquad \mathrm{pH} \leqslant 7 \text{ 时} \tag{5-3}$$

$$P_{pH}=\frac{pH-7.0}{pH_{su}-7.0} \qquad pH>7\text{时} \tag{5-4}$$

式中，P_{pH}——pH 的标准指数；

pH——pH 的监测值；

pH_{su}——标准中 pH 的上限值；

pH_{sd}——标准中 pH 的下限值。

（2）包气带环境现状分析

对于污染场地修复工程项目和评价工作等级为一级、二级的改、扩建项目，应开展包气带污染现状调查，分析包气带污染状况。

5.5 地下水环境影响预测

5.5.1 预测原则

建设项目地下水环境影响预测应遵循《建设项目环境影响评价技术导则 总纲》（HJ 2.1）中确定的原则。考虑到地下水环境污染的复杂性、隐蔽性和难恢复性，还应遵循保护优先、预防为主的原则，预测应为评价各方案的环境安全和环境保护措施的合理性提供依据。

预测的范围、时段、内容和方法均应根据评价工作等级、工程特征与环境特征，结合当地环境功能和环保要求确定，应预测建设项目对地下水水质产生的直接影响，重点预测对地下水环境保护目标的影响。

在结合地下水污染防控措施的基础上，对工程设计方案或可行性研究报告推荐的选址（选线）方案可能引起的地下水环境影响进行预测。

5.5.2 预测范围

地下水环境影响预测范围一般与调查评价范围一致。

预测层位应以潜水含水层或污染物直接进入的含水层为主，兼顾与其水力联系密切且具有饮用水开发利用价值的含水层。

当建设项目场地天然包气带垂向渗透系数小于 1.0×10^{-6} cm/s 或厚度超过 100 m 时，预测范围应扩展至包气带。

5.5.3 预测时段

地下水环境影响预测时段应选取可能产生地下水污染的关键时段，至少包括污染发生后 100 d、1 000 d 及服务年限或者能反映特征因子迁移规律的其他重要的时间节点。

5.5.4　情景设置

一般情况下，建设项目须对正常状况和非正常状况的情景分别进行预测。已依据 GB 16889、GB 18597、GB 18598、GB 18599、GB/T 50934 等规范设计地下水污染防渗措施的建设项目，可不进行正常状况情景下的预测。

5.5.5　预测因子

预测因子应包括以下几方面：

①识别出的特征因子按照重金属、持久性有机污染物和其他类别进行分类，并对每一类别中的各项因子采用标准指数法进行排序，分别取标准指数最大的因子作为预测因子。

②现有工程已经产生的且改、扩建后将继续产生的特征因子，改、扩建后新增加的特征因子。

③污染场地已查明的主要污染物，按照①筛选预测因子。

④国家或地方要求控制的污染物。

5.5.6　预测源强

地下水环境影响预测源强的确定应充分结合工程分析。

①正常状况下，预测源强应结合建设项目工程分析和相关设计规范确定，如 GB 50141、GB 50268 等。

②非正常状况下，预测源强可根据地下水环境保护设施或工艺设备的系统老化或腐蚀程度等设定。

5.5.7　预测方法

建设项目地下水环境影响预测方法包括数学模型法和类比分析法。其中，数学模型法包括数值法、解析法等。常用的地下水预测数学模型参见《环境影响评价技术导则　地下水环境》（HJ 610—2016）附录 D。

预测方法的选取应根据建设项目工程特征、水文地质条件及资料掌握程度来确定，当数值法不适用时，可用解析法或其他方法预测。一般情况下，一级评价应采用数值法，不宜概化为等效多孔介质的地区除外；二级评价中水文地质条件复杂且适宜采用数值法时，建议优先采用数值法；三级评价可采用解析法或类比分析法。

采用数值法预测前，应先进行参数识别和模型验证。

采用解析解模型预测污染物在含水层中的扩散时，一般应满足以下条件：

①污染物的排放对地下水流场没有明显的影响。

②调查评价区内含水层的基本参数（如渗透系数、有效孔隙度等）不变或变化很小。

采用类比分析法时，应给出类比条件。类比分析对象与拟预测对象之间应满足以下要求：

①二者的环境水文地质条件、水动力场条件相似。

②二者的工程类型、规模及特征因子对地下水环境的影响具有相似性。

在地下水环境影响预测过程中，对于采用非导则推荐模式进行预测评价的情况，需明确所采用模式的适用条件，给出模型中的各参数物理意义及参数取值，并尽可能地采用本导则中的相关模式进行验证。

5.5.8 预测模型概化

（1）水文地质条件概化

根据调查评价区和场地环境水文地质条件，对边界性质、介质特征、水流特征和补径排等条件进行概化。

（2）污染源概化

污染源概化包括排放形式与排放规律的概化。根据污染源的具体情况，排放形式可以概化为点源、线源、面源；排放规律可以概化为连续恒定排放或非连续恒定排放以及瞬时排放。

（3）水文地质参数初始值的确定

包气带垂向渗透系数、含水层渗透系数、给水度等预测所需参数初始值的获取应以收集评价范围内已有水文地质资料为主，不满足预测要求时需通过现场试验获取。

5.5.9 预测内容

给出特征因子不同时段的影响范围、程度、最大迁移距离。

给出预测期内建设项目场地边界或地下水环境保护目标处特征因子随时间的变化规律。

当建设项目场地天然包气带垂向渗透系数小于 1.0×10^{-6} cm/s 或厚度超过 100 m 时，须考虑包气带阻滞作用，预测特征因子在包气带中的迁移规律。

污染场地修复治理工程项目应给出污染物变化趋势或污染控制的范围。

5.6　地下水环境影响评价

5.6.1　评价原则

1）评价应以地下水环境现状调查和地下水环境影响预测结果为依据，对建设项目各实施阶段（建设期、运营期及服务期满后）不同环节及不同污染防控措施下的地下水环境影响进行评价。

2）地下水环境影响预测未包括环境质量现状值时，应叠加环境质量现状值后再进行评价。

3）应评价建设项目对地下水水质的直接影响，重点评价建设项目对地下水环境保护目标的影响。

5.6.2　评价范围

地下水环境影响评价范围一般与调查评价范围一致。

5.6.3　评价方法

采用标准指数法对建设项目地下水水质影响进行评价，具体方法同本书 5.4.4（1）节中标准指数法。

对属于 GB/T 14848 水质指标的评价因子，应按其规定的水质分类标准值进行评价；对不属于 GB/T 14848 水质指标的评价因子，可参照国家（行业、地方）相关标准的水质标准值（如 GB 3838、GB 5749、DZ/T 0290 等）进行评价。

5.6.4　评价结论

评价建设项目对地下水水质影响时，可采用以下判据评价水质能否满足标准的要求。

（1）可以满足评价标准要求的情况

①建设项目各个不同阶段，除场界内小范围外地区，均能满足 GB/T 14848 或国家（行业、地方）相关标准要求的。

②在建设项目实施的某个阶段，有个别评价因子出现较大范围超标，但采取环保措施后，可满足 GB/T 14848 或国家（行业、地方）相关标准要求的。

（2）不能满足评价标准要求的情况

①新建项目排放的主要污染物，改、扩建项目已经排放的及将要排放的主要污染物在评价范围内地下水中已经超标的。

②环保措施在技术上不可行，或在经济上明显不合理的。

5.7 地下水污染防治措施

5.7.1 防治原则与要求

（1）防治原则

地下水的赋存和运动条件决定了地下水一旦被污染就难以治理。因为大量的污染物附着于含水介质上，清除这些污染物是一个缓慢过程，要花费数十年甚至更长的时间，同时需付出昂贵的代价。因此，在地下水污染防治问题上，应把预防污染作为基本原则，而把治理只看作不得已而采取的补救办法。

（2）法规要求

《中华人民共和国水污染防治法》中明确规定如下：

①禁止利用渗井、渗坑、裂隙、溶洞，私设暗管，篡改、伪造监测数据，或者不正常运行水污染防治设施等逃避监管的方式排放水污染物。

②禁止利用无防渗漏措施的沟渠、坑塘等输送或存贮含有毒污染物的废水、含病原体的污水和其他废弃物。

③多层地下水的含水层水质差异大的，应当分层开采；对已受污染的潜水和承压水，不得混合开采。

④兴建地下工程设施或者进行地下勘探、采矿等活动，应当采取防护性措施，防止地下水污染。

⑤人工回灌补给地下水，不得恶化地下水质。

5.7.2 地下水环境保护措施与对策

（1）基本要求

①地下水环境保护措施与对策应符合《中华人民共和国水污染防治法》和《中华人民共和国环境影响评价法》的相关规定，按照“源头控制、分区防控、污染监控、应急响应”且重点突出饮用水水质安全的原则确定。

②根据建设项目特点、调查评价区和场地环境水文地质条件，在建设项目可行性研究提出的污染防控对策的基础上，根据环境影响预测与评价结果，提出需要增加或完善的地下水环境保护措施和对策。

③改、扩建项目应针对现有工程引起的地下水污染问题，提出“以新带老”措施，有效减轻污染程度或控制污染范围，防止地下水污染加剧。

④给出各项地下水环境保护措施与对策的实施效果，初步估算各措施的投资概算，列表给出并分析其技术、经济可行性。

⑤提出合理、可行、操作性强的地下水污染防控的环境管理体系，包括地下水环境跟踪监测方案和定期信息公开等。

（2）建设项目污染防控对策

1）源头控制措施

主要包括提出各类废物循环利用的具体方案，减少污染物的排放量；提出工艺、管道、设备、污水储存及处理构筑物应采取的污染防控措施，将污染物“跑、冒、滴、漏”降到最低限度。

2）分区防控措施

①结合地下水环境影响评价结果，对工程设计或可行性研究报告提出的地下水污染防控方案提出优化调整建议，给出不同分区的具体防渗技术要求。

一般情况下，应以水平防渗为主，防控措施应满足以下要求：

a）已颁布污染控制标准或防渗技术规范的行业，水平防渗技术要求按照相应标准或规范执行，如 GB 16889、GB 18597、GB 18598、GB 18599、GB/T 50934 等。

b）未颁布相关标准的行业，应根据预测结果和建设项目场地包气带特征及其防污性能，提出防渗技术要求；或根据建设项目场地天然包气带防污性能、污染控制难易程度和污染物特性，参照表 5-7 提出防渗技术要求。其中污染控制难易程度分级和天然包气带防污性能分级参照表 5-5 和表 5-6 进行相关等级的确定。

表 5-5　污染控制难易程度分级参照表

污染控制难易程度	主要特征
难	对地下水环境有污染的物料或污染物泄漏后，不能及时发现和处理
易	对地下水环境有污染的物料或污染物泄漏后，可及时发现和处理

表 5-6　天然包气带防污性能分级参照表

分级	包气带岩土的渗透性能
强	$Mb\geqslant 1.0$ m，$K\leqslant 1.0\times10^{-6}$ cm/s，且分布连续、稳定
中	0.5 m$\leqslant Mb<1.0$ m，$K\leqslant 1.0\times10^{-6}$cm/s，且分布连续、稳定 $Mb\geqslant 1.0$ m，1.0×10^{-6} cm/s$<K\leqslant 1.0\times10^{-4}$ cm/s，且分布连续、稳定
弱	岩（土）层不满足上述“强”和“中”条件

注：Mb：岩土层单层厚度。

K：渗透系数。

表 5-7 地下水污染防渗分区参照表

防渗分区	天然包气带防污性能	污染控制难易程度	污染物类型	防渗技术要求
重点防渗区	弱	易—难	重金属、持久性有机污染物	等效黏土防渗层 $Mb \geq 6.0$ m，$K \leq 1.0\times10^{-7}$ cm/s；或参照 GB 18598 执行
	中—强	难		
一般防渗区	中—强	易	重金属、持久性有机污染物	等效黏土防渗层 $Mb \geq 1.5$ m，$K \leq 1.0\times10^{-7}$ cm/s；或参照 GB 16889 执行
	弱	易—难	其他类型	
	中—强	难		
简单防渗区	中—强	易	其他类型	一般地面硬化

②对难以采取水平防渗的建设项目场地，可采用垂向防渗为主、局部水平防渗为辅的防控措施。

③根据非正常状况下的预测评价结果，在建设项目服务年限内个别评价因子超标范围超出厂界时，应提出优化总图布置的建议或地基处理方案。

（3）地下水环境监测与管理

①建立地下水环境监测管理体系，包括制订地下水环境影响跟踪监测计划、建立地下水环境影响跟踪监测制度、配备先进的监测仪器和设备，以便及时发现问题，采取措施。

②跟踪监测计划应根据环境水文地质条件和建设项目特点设置跟踪监测点，跟踪监测点应明确与建设项目的位置关系，给出点位、坐标、井深、井结构、监测层位、监测因子及监测频率等相关参数。

a）跟踪监测点数量要求：

对于一级、二级评价的建设项目，一般不少于 3 个，应至少在建设项目场地及其上、下游各布设 1 个。其中，一级评价的建设项目，应在建设项目总图布置基础之上，结合预测评价结果和应急响应时间要求，在重点污染风险源处增设监测点；三级评价的建设项目，一般不少于 1 个，应至少在建设项目场地下游布设 1 个。

b）明确跟踪监测点的基本功能，如背景值监测点、地下水环境影响跟踪监测点、污染扩散监测点等，必要时明确跟踪监测点兼具的污染控制功能。

c）根据环境管理对监测工作的需要，提出有关监测机构、人员及装备的建议。

③制订地下水环境跟踪监测与信息公开计划：

a）编制跟踪监测报告，明确跟踪监测报告编制的责任主体。跟踪监测报告内容一般应包括：建设项目所在场地及其影响区地下水环境跟踪监测数据，排放污染物的种类、数量、浓度，生产设备、管廊或管线、贮存与运输装置、污染物贮存与处理装置、事故应急装置等设施的运行状况，“跑冒滴漏”记录、维护记录。

b）信息公开计划应至少包括建设项目特征因子的地下水环境监测值。

（4）应急响应

制定地下水污染应急响应预案，明确污染状况下应采取的控制污染源、切断污染途径等措施。

习　题

1. 名词解释

（1）包气带；（2）饱水带。

2. 简述地下水在岩土中的存在形式。

3. 简述地下水环境影响评价的工作程序。

4. 在地下水环境影响评价中，将建设项目划分为哪 3 类？

5. 地下水环境影响评价工作等级划分的依据是什么？

6. 地下水环境质量评价应采用什么标准？地下水污染评价应采用什么标准？

7. 地下水环境现状评价有哪些评价方法？

8. 地下水环境影响预测应预测建设项目的哪些时段？

9. 如何选取建设项目地下水环境影响预测因子？

第6章 大气环境影响评价

6.1 大气环境基础知识

6.1.1 大气污染物

大气污染源排放的污染物按存在形态分为颗粒态污染物和气态污染物。按生成机理分为一次污染物和二次污染物。其中，由人类或自然活动直接产生，由污染源直接排入环境的污染物称为一次污染物；排入环境中的一次污染物在物理、化学因素的作用下发生变化，或与环境中的其他物质发生反应所形成的新污染物称为二次污染物。

基本污染物指《环境空气质量标准》（GB 3095）中规定的基本项目污染物，包括二氧化硫（SO_2）、二氧化氮（NO_2）、可吸入颗粒物（PM_{10}）、细颗粒物（$PM_{2.5}$）、一氧化碳（CO）、臭氧（O_3）。除基本污染物外的其他项目污染物叫作其他污染物。

6.1.2 大气污染源

大气污染源是指造成大气环境污染的污染物发生源，通常是指向大气环境排放有害物质或对环境产生有害影响的场所、设备和装置。

大气污染源的分类有多种，按造成环境污染的原因，可分为自然污染源和人为污染源。其中，人为污染源又可分为燃料燃烧源、工业生产源和交通运输源；前两种为固定源，后一种为移动源（道路移动源如汽油车、柴油车，非道路移动源如挖掘机、铲车等）。按照污染源空间分布，可分为点源、线源和面源。按照社会活动功能不同，可分为工业污染源、生活污染源和交通污染源。按污染成因，可分为煤烟型、机动车尾气污染、生产性污染和面源污染。

6.1.3　环境空气保护目标

指评价范围内按 GB 3095 规定划分为一类区的自然保护区、风景名胜区和其他需要特殊保护的区域，二类区中的居住区、文化区和农村地区中人群较集中的区域。

6.1.4　非正常排放

指生产过程中开停车（工、炉）、设备检修、工艺设备运转异常等非正常工况下的污染物排放，以及污染物排放控制措施达不到应有效率等情况下的排放。

6.1.5　短期浓度

指某污染物的评价时段小于等于 24 h 的平均质量浓度，包括 1 h 平均质量浓度、8 h 平均质量浓度，以及 24 h 平均质量浓度（也称日平均质量浓度）。

6.1.6　长期浓度

指某污染物的评价时段大于等于 1 个月的平均质量浓度，包括月平均质量浓度、季平均质量浓度和年平均质量浓度。

6.2　大气环境影响评价工作程序

大气环境评价工作的程序可划分为以下 3 个阶段：

①第一阶段。主要工作包括研究有关文件，项目污染源调查，环境空气保护目标调查，评价因子筛选与评价标准确定，区域气象与地表特征调查，收集区域地形参数，确定评价等级和评价范围等。

②第二阶段。主要工作依据评价等级要求开展，包括与项目评价相关污染源调查与核实，选择适合的预测模型，环境质量现状调查或补充监测，收集建立模型所需气象、地表参数等基础数据，确定预测内容与预测方案，开展大气环境影响预测与评价工作等。

③第三阶段。主要工作包括制订环境监测计划，明确大气环境影响评价结论与建议，完成环境影响评价文件的编写等。

大气环境影响评价工作程序如图 6-1 所示。

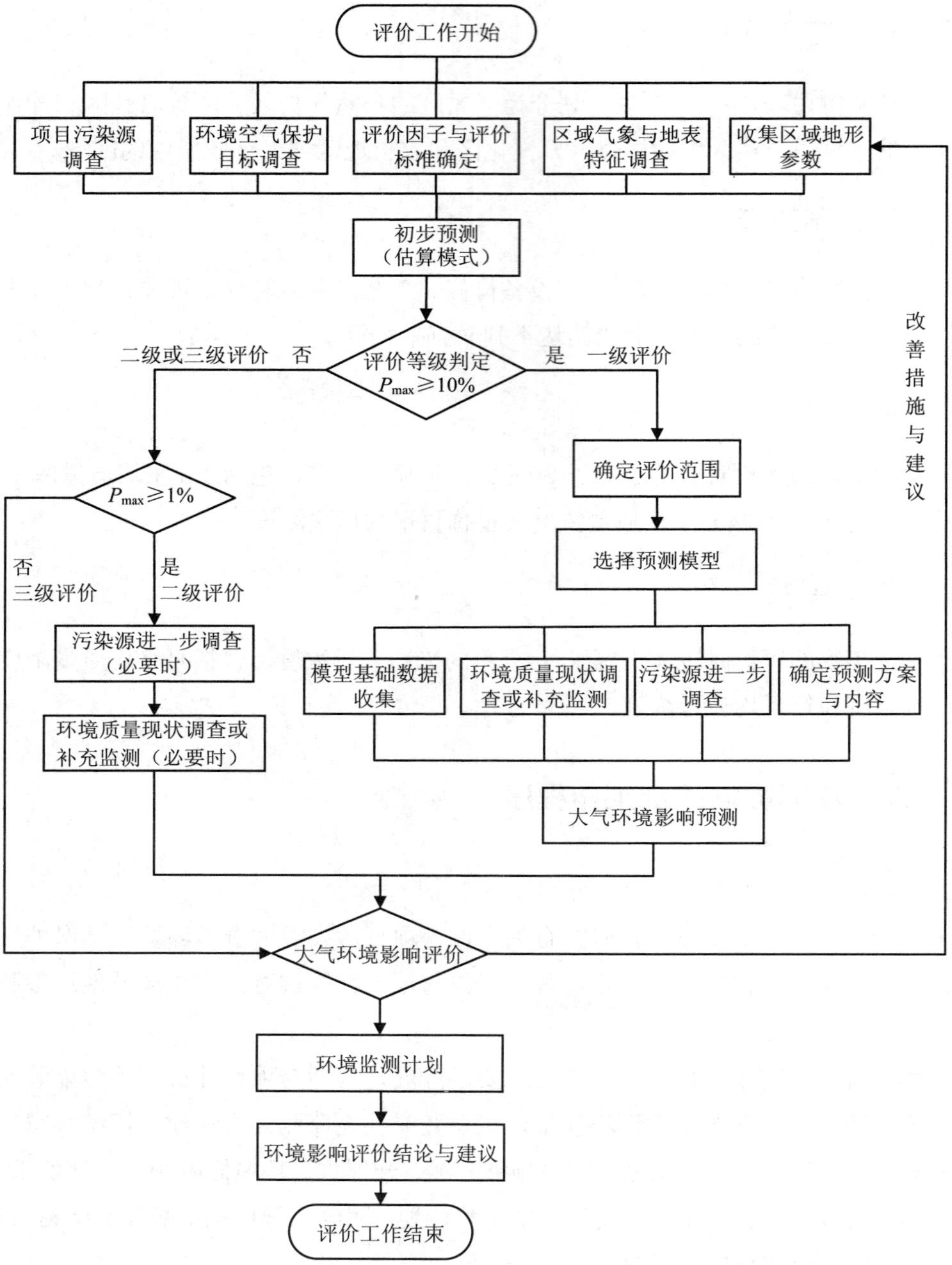

图 6-1 大气环境影响评价工作程序

6.3　大气环境评价等级及评价范围

6.3.1　环境影响识别与评价因子筛选

按《建设项目环境影响评价技术导则　总纲》（HJ 2.1）或《规划环境影响评价技术导则　总纲》（HJ 130）的要求识别大气环境影响因素，并筛选出大气环境影响评价因子。大气环境影响评价因子主要为项目排放的基本污染物及其他污染物。

当建设项目排放的 SO_2 和 NO_x 年排放量大于等于 500 t/a 时，评价因子应增加二次 $PM_{2.5}$，见表 6-1。

表 6-1　二次污染物评价因子筛选

类别	污染物排放量/（t/a）	二次污染物评价因子
建设项目	$SO_2 + NO_x \geqslant 500$	$PM_{2.5}$
规划项目	$SO_2 + NO_x \geqslant 500$	$PM_{2.5}$
	$NO_x + VOCs \geqslant 2\ 000$	O_3

当规划项目排放的 SO_2、NO_x 及 VOCs 年排放量达到表 6-1 规定的量时，评价因子应相应增加二次 $PM_{2.5}$ 及 O_3。

6.3.2　评价标准确定

确定各评价因子所适用的环境质量标准及相应的污染物排放标准。其中环境质量标准选用 GB 3095 中的环境空气质量浓度限值，如已有地方环境质量标准，应选用地方标准中的浓度限值。

对于 GB 3095 及地方环境质量标准中未包含的污染物，可参照 HJ 2.2—2018 附录 D 中的浓度限值。

对上述标准中都未包含的污染物，可参照选用其他国家、国际组织发布的环境质量浓度限值或基准值，但应作出说明，经生态环境主管部门同意后执行。

6.3.3　评价等级判定

选择项目污染源正常排放的主要污染物及排放参数，采用 HJ 2.2—2018 附录 A 推荐模型中估算模型分别计算项目污染源的最大环境影响，然后按评价工作分级判据进行分级。

根据项目污染源初步调查结果，分别计算项目排放主要污染物的最大地面空气质量浓度占标率 P_i（第 i 个污染物，简称最大浓度占标率），以及第 i 个污染物的地面空气质量浓度达到标准值的 10%时所对应的最远距离 $D_{10\%}$。

其中 P_i 按下式计算

$$P_i=\frac{\rho_i}{\rho_{0i}}\times 100\% \tag{6-1}$$

式中，P_i —— 第 i 个污染物的最大地面空气质量浓度占标率，%；

ρ_i —— 采用估算模型计算出的第 i 个污染物的最大 1 h 地面空气质量浓度，μg/m^3；

ρ_{0i} —— 第 i 个污染物的环境空气质量浓度标准，μg/m^3。

一般选用 GB 3095 中 1 h 平均质量浓度的二级浓度限值，如项目位于一类环境空气功能区，应选择相应的一级浓度限值；对该标准中未包含的污染物，使用本书 6.3.1 节确定的各评价因子 1 h 平均质量浓度限值。对仅有 8 h 平均质量浓度限值、日平均质量浓度限值或年平均质量浓度限值的，可分别按 2 倍、3 倍、6 倍折算为 1 h 平均质量浓度限值。

编制环境影响报告书的项目在采用估算模型计算评价等级时，应输入地形参数。

评价等级按表 6-2 的分级判据进行划分。最大地面空气质量浓度占标率 P_i 按式（6-1）计算，如污染物数 i 大于 1，取 P 值中最大者 P_{max}。

表 6-2 评价等级判别表

评价工作等级	评价工作分级判据
一级评价	P_{max}≥10%
二级评价	1%≤P_{max}<10%
三级评价	P_{max}<1%

评价等级的判定还应遵守以下规定：

①同一项目有多个污染源（两个及以上，下同）时，则按各污染源分别确定评价等级，并取评价等级最高者作为项目的评价等级。

②对电力、钢铁、水泥、石化、化工、平板玻璃、有色等高耗能行业的多源项目或以使用高污染燃料为主的多源项目，并且编制环境影响报告书的项目评价等级提高一级。

③对等级公路、铁路项目，分别按项目沿线主要集中式排放源（如服务区、车站大气污染源）排放的污染物计算其评价等级。

④对新建包含 1 km 及以上隧道工程的城市快速路、主干路等城市道路项目，按项目隧道主要通风竖井及隧道出口排放的污染物计算其评价等级。

⑤对新建、迁建及飞行区扩建的枢纽及干线机场项目，应考虑机场飞机起降及相关

辅助设施排放源对周边城市的环境影响，评价等级取一级。

⑥确定评价等级的同时应说明估算模型计算参数和判定依据，相关内容与格式要求见 HJ 2.2—2018 附录 C。

6.3.4　评价范围确定

一级评价项目根据建设项目排放污染物的最远影响距离（$D_{10\%}$）确定大气环境影响评价范围，即以项目厂址为中心区域，自厂界外延 $D_{10\%}$的矩形区域作为大气环境影响评价范围。当 $D_{10\%}$超过 25 km 时，确定评价范围为边长 50 km 的矩形区域；当 $D_{10\%}$小于 2.5 km 时，评价范围边长取 5 km。

二级评价项目大气环境影响评价范围边长取 5 km。

三级评价项目不设大气环境影响评价范围。

对于新建、迁建及飞行区扩建的枢纽及干线机场项目，评价范围还应考虑受影响的周边城市，取最大边长 50 km。

规划的大气环境影响评价范围以规划区边界为起点，外延规划项目排放污染物的最远影响距离（$D_{10\%}$）的区域。

6.3.5　环境空气保护目标调查

调查项目大气环境评价范围内主要环境空气保护目标。在带有地理信息的底图中标注，并列表给出环境空气保护目标内主要保护对象的名称、保护内容、所在大气环境功能区划，以及与项目厂址的相对距离、方位、坐标等信息。环境空气保护目标调查相关内容与格式要求见 HJ 2.2—2018 附录 C。

6.4　环境空气质量现状调查与评价

6.4.1　调查内容和目的

一级评价项目：调查项目所在区域环境质量达标情况，作为项目所在区域是否为达标区的判断依据。调查评价范围内有环境质量标准的评价因子的环境质量监测数据或进行补充监测，用于评价项目所在区域污染物环境质量现状，以及计算环境空气保护目标和网格点的环境质量现状浓度。

二级评价项目：调查项目所在区域环境质量达标情况。调查评价范围内有环境质量标准的评价因子的环境质量监测数据或进行补充监测，用于评价项目所在区域污染物环境质量现状。

三级评价项目：只调查项目所在区域环境质量达标情况。

6.4.2 数据来源

（1）基本污染物环境质量现状数据

项目所在区域达标判定，优先采用国家或地方生态环境主管部门公开发布的评价基准年环境质量公告或环境质量报告中的数据或结论。

采用评价范围内国家或地方环境空气质量监测网中评价基准年连续1年的监测数据，或采用生态环境主管部门公开发布的环境空气质量现状数据。

评价范围内没有环境空气质量监测网数据或公开发布的环境空气质量现状数据的，可选择符合《环境空气质量监测点位布设技术规范（试行）》（HJ 664）的规定，并且与评价范围地理位置邻近，地形、气候条件相近的环境空气质量城市点或区域点监测数据。

对于位于环境空气质量一类区的环境空气保护目标或网格点，各污染物环境质量现状浓度可取符合 HJ 664 的规定，并且与评价范围地理位置邻近，地形、气候条件相近的环境空气质量区域点或背景点监测数据。

（2）其他污染物环境质量现状数据

优先采用评价范围内国家或地方环境空气质量监测网中评价基准年连续 1 年的监测数据。

评价范围内没有环境空气质量监测网数据或公开发布的环境空气质量现状数据的，可收集评价范围内近 3 年与项目排放的其他污染物有关的历史监测资料。

在没有以上相关监测数据或监测数据不能满足本书 6.4.4 节规定的评价要求时，应按本书 6.4.3 节要求进行补充监测。

6.4.3 补充监测

（1）监测时段

根据监测因子的污染特征，选择污染较重的季节进行现状监测。补充监测应至少取得 7 d 有效数据。

对于部分无法进行连续监测的其他污染物，可监测其一次空气质量浓度，监测时次应满足所用评价标准的取值时间要求。

（2）监测布点

以近 20 年统计的当地主导风向为轴向，在厂址及主导风向下风向 5 km 范围内设置 1～2 个监测点。如需在一类区进行补充监测，监测点应设置在不受人为活动影响的区域。

（3）监测方法

应选择符合监测因子对应环境质量标准或参考标准所推荐的监测方法，并在评价报告中注明。

（4）监测采样

环境空气监测中的采样点、采样环境、采样高度及采样频率，按 HJ 664 及相关评价标准规定的环境监测技术规范执行。

6.4.4 评价内容与方法

（1）项目所在区域达标判断

城市环境空气质量达标情况评价指标为 SO_2、NO_2、PM_{10}、$PM_{2.5}$、CO 和 O_3，6 项污染物全部达标即城市环境空气质量达标。

根据国家或地方生态环境主管部门公开发布的城市环境空气质量达标情况，判断项目所在区域是否属于达标区。如项目评价范围涉及多个行政区（县级或以上，下同），需分别评价各行政区的达标情况，若存在不达标行政区，则判定项目所在评价区域为不达标区。

国家或地方生态环境主管部门未发布城市环境空气质量达标情况的，可按照《环境空气质量评价技术规范（试行）》（HJ 663）中各评价项目的年评价指标进行判定。年评价指标中的年均浓度和相应百分位数 24 h 平均或 8 h 平均质量浓度满足 GB 3095 中浓度限值要求的即为达标。

（2）各污染物的环境质量现状评价

长期监测数据的现状评价内容，按 HJ 663 中的统计方法对各污染物的年评价指标进行环境质量现状评价。对于超标的污染物，计算其超标倍数和超标率。

补充监测数据的现状评价内容，分别对各监测点位不同污染物的短期浓度进行环境质量现状评价。对于超标的污染物，计算其超标倍数和超标率。

（3）环境空气保护目标及网格点环境质量现状浓度

对于采用多个长期监测点位数据进行现状评价的，取各污染物相同时刻各监测点位的浓度平均值，作为评价范围内环境空气保护目标及网格点环境质量现状浓度，计算方法见式（6-2）。

$$\rho_{现状(x,y,t)} = \frac{1}{n}\sum_{j=1}^{n}\rho_{现状(j,t)} \tag{6-2}$$

式中，$\rho_{现状(x,y,t)}$ —— 环境空气保护目标及网格点(x,y)在 t 时刻环境质量现状浓度，μg/m³；

$\rho_{现状(j,t)}$ ——第 j 个监测点位在 t 时刻环境质量现状浓度（包括短期浓度和长期浓度），μg/m³；

n —— 长期监测点位数。

对于采用补充监测数据进行现状评价的，取各污染物不同评价时段监测浓度的最大值，作为评价范围内环境空气保护目标及网格点环境质量现状浓度。对于有多个监测点位数据的，先计算相同时刻各监测点位平均值，再取各监测时段平均值中的最大值。计算方法见式（6-3）。

$$\rho_{现状(x,y)} = \max\left[\frac{1}{n}\sum_{j=1}^{n}\rho_{监测(j,t)}\right] \tag{6-3}$$

式中，$\rho_{现状(x,y)}$ —— 环境空气保护目标及网格点（x，y）环境质量现状浓度，μg/m^3；

$\rho_{监测(j,t)}$ —— 第 j 个监测点位在 t 时刻环境质量现状浓度（包括 1 h 平均、8 h 平均或日平均质量浓度），μg/m^3；

n —— 现状补充监测点位数。

环境空气质量现状评价内容与格式要求见 HJ 2.2—2018 附录 C。

6.5 大气污染源调查

6.5.1 调查内容

一级评价项目包括以下内容：

调查本项目不同排放方案有组织及无组织排放源，对于改建、扩建项目还应调查本项目现有污染源。本项目污染源调查包括正常排放和非正常排放，其中非正常排放调查内容包括非正常工况、频次、持续时间和排放量。

调查本项目所有拟被替代的污染源（如有），包括被替代污染源名称、位置、排放污染物及排放量、拟被替代时间等。

调查评价范围内与评价项目排放污染物有关的其他在建项目、已批复环境影响评价文件的拟建项目等污染源。

对于编制报告书的工业项目，分析调查受本项目物料及产品运输影响新增的交通运输移动源，包括运输方式、新增交通流量、排放污染物及排放量。

二级评价项目参照一级评价项目调查本项目现有及新增污染源和拟被替代的污染源。

三级评价项目只调查本项目新增污染源和拟被替代的污染源。

对于城市快速路、主干路等城市道路的新建项目，需调查道路交通流量及污染物排放量。

对于采用网格模型预测二次污染物的，需结合空气质量模型及评价要求，开展区域现状污染源排放清单调查。

污染源调查内容及格式要求见 HJ 2.2—2018 附录 C。

6.5.2　数据来源与要求

新建项目的污染源调查，依据《建设项目环境影响评价技术导则　总纲》（HJ 2.1）、《规划环境影响评价技术导则　总纲》（HJ 130）、《排污许可证申请与核发技术规范　总则》（HJ 942）、行业排污许可证申请与核发技术规范及各污染源源强核算技术指南，并结合工程分析从严确定污染物排放量。

评价范围内在建和拟建项目的污染源调查，可使用已批准的环境影响评价文件中的资料；改建、扩建项目现状工程的污染源和评价范围内拟被替代的污染源调查，可根据数据的可获得性，依次优先使用项目监督性监测数据、在线监测数据、年度排污许可执行报告、自主验收报告、排污许可证数据、环评数据或补充污染源监测数据等。污染源监测数据应采用满负荷工况下的监测数据或者换算至满负荷工况下的排放数据。

网格模型模拟所需的区域现状污染源排放清单调查按国家发布的清单编制相关技术规范执行。污染源排放清单数据应采用近 3 年内国家或地方生态环境主管部门发布的包含人为源和天然源在内的所有区域污染源清单数据。在国家或地方生态环境主管部门未发布污染源清单之前，可参照污染源清单编制指南自行建立区域污染源清单，并对污染源清单准确性进行验证分析。

6.6　大气环境影响预测与评价

6.6.1　一般性要求

一级评价项目应采用进一步预测模型开展大气环境影响预测与评价。

二级评价项目不进行进一步预测与评价，只对污染物排放量进行核算。

三级评价项目不进行进一步预测与评价。

6.6.2　预测因子

预测因子根据评价因子而定，选取有环境质量标准的评价因子作为预测因子。

6.6.3　预测范围

预测范围应覆盖评价范围，并覆盖各污染物短期浓度贡献值占标率大于 10%的区域。

对于经判定需预测二次污染物的项目，预测范围应覆盖 $PM_{2.5}$ 年平均质量浓度贡献值占标率大于 1%的区域。

对于评价范围内包含环境空气功能区一类区的，预测范围应覆盖项目对一类区最大环境影响。

预测范围一般以项目厂址为中心，东西向为 X 坐标轴、南北向为 Y 坐标轴。

6.6.4 预测周期

选取评价基准年作为预测周期，预测时段取连续 1 年。

选用网格模型模拟二次污染物的环境影响时，预测时段应至少选取评价基准年 1 月、4 月、7 月、10 月。

6.6.5 预测模型

（1）预测模型选择原则

一级评价项目应结合项目环境影响预测范围、预测因子及推荐模型的适用范围等选择空气质量模型。

空气质量模型（air quality model）：指采用数值方法模拟大气中污染物的物理扩散和化学反应的数学模型，包括高斯扩散模型和区域光化学网格模型。

高斯扩散模型：也叫高斯烟团或烟流模型，简称高斯模型。采用非网格、简化的输送扩散算法，没有复杂化学机理，一般用于模拟一次污染物的输送与扩散，或通过简单的化学反应机理模拟二次污染物。

区域光化学网格模型：简称网格模型。采用包含复杂大气物理（平流、扩散、边界层、云、降水、干沉降等）和大气化学（气、液、气溶胶、非均相）算法，以及网格化的输送化学转化模型，一般用于模拟城市和区域尺度的大气污染物输送与化学转化。

推荐模型（recommended model）：指生态环境主管部门按照一定的工作程序遴选，并以推荐名录形式公开发布的环境模型。列入推荐名录的环境模型简称推荐模型。当推荐模型适用性不能满足需要时，可采用替代模型。替代模型一般需经模型领域专家评审推荐，并经生态环境主管部门同意后方可使用。常见的推荐模型及使用规范见 HJ 2.2—2018。各推荐模型适用范围见表 6-3。

表 6-3　推荐模型适用范围

模型名称	适用污染源	适用排放形式	推荐预测范围	模拟污染物			其他特性
				一次污染物	二次 $PM_{2.5}$	O_3	
AERMOD	点源、面源、线源、体源	连续源、间断源	局地尺度（≤50 km）	模型模拟法	系数法	不支持	—
ADMS							
AUSTAL2000	烟塔合一源						
EDMS/AEDT	机场源						

模型名称	适用污染源	适用排放形式	推荐预测范围	模拟污染物			其他特性
				一次污染物	二次 $PM_{2.5}$	O_3	
CALPUFF	点源、面源、线源、体源	连续源、间断源	城市尺度（50 km 到几百千米）	模型模拟法	模型模拟法	不支持	局地尺度特殊风场，包括长期静、小风和岸边熏烟
区域光化学网格模型	网格源		区域尺度（几百千米）	模型模拟法	模型模拟法	模型模拟法	模拟复杂化学反应

当推荐模型适用性不能满足需要时，可选择适用的替代模型。

（2）预测模型选取的其他规定

当项目评价基准年内存在风速≤0.5 m/s 的持续时间超过 72 h 或近 20 年统计的全年静风（风速≤0.2 m/s）频率超过 35%时，应采用 CALPUFF 模型进行进一步模拟。

当建设项目处于大型水体（海或湖）岸边 3 km 范围内时，应首先采用估算模型判定是否会发生熏烟现象。如果存在岸边熏烟，并且估算的最大 1 h 平均质量浓度超过环境质量标准，应采用 CALPUFF 模型进行进一步模拟。

（3）推荐模型使用要求

采用推荐模型时，应按 HJ 2.2—2018 的要求提供污染源、气象、地形、地表参数等基础数据。环境影响预测模型所需气象、地形、地表参数等基础数据应优先使用国家发布的标准化数据。采用其他数据时，应说明数据来源、有效性及数据预处理方案。

6.6.6 预测方法

采用推荐模型预测建设项目或规划项目对预测范围不同时段的大气环境影响。

当建设项目或规划项目 SO_2、NO_x 及 VOCs 年排放量达到表 6-1 规定的量时，可按表 6-4 推荐的方法预测二次污染物。

表 6-4　二次污染物预测方法

污染物排放量/（t/a）		预测因子	二次污染物预测方法
建设项目	$SO_2+NO_x \geqslant 500$	$PM_{2.5}$	AERMOD/ADMS（系数法）或 CALPUFF（模型模拟法）
规划项目	$500 \leqslant SO_2+NO_x < 2\,000$	$PM_{2.5}$	AERMOD/ADMS（系数法）或 CALPUFF（模型模拟法）
	$SO_2+NO_x \geqslant 2\,000$	$PM_{2.5}$	网格模型（模型模拟法）
	$NO_x+VOCs \geqslant 2\,000$	O_3	网格模型（模型模拟法）

采用 AERMOD、ADMS 等模型模拟 $PM_{2.5}$ 时，需将模型模拟的 $PM_{2.5}$ 一次污染物的质量浓度，同步叠加按 SO_2、NO_2 等前体物转化比率估算的二次 $PM_{2.5}$ 质量浓度，得到 $PM_{2.5}$ 的贡献浓度。前体物转化比率可引用科研成果或有关文献，并注意地域的适用性。对于无法取得 SO_2、NO_2 等前体物转化比率的，可取 φ_{SO_2} 为 0.58、φ_{NO_2} 为 0.44，按式（6-4）计算二次 $PM_{2.5}$ 的贡献浓度。

$$\rho_{二次PM_{2.5}} = \varphi_{SO_2} \times \rho_{SO_2} + \varphi_{NO_2} \times \rho_{NO_2} \tag{6-4}$$

式中，$\rho_{二次PM_{2.5}}$ —— 二次 $PM_{2.5}$ 质量浓度，$\mu g/m^3$；

φ_{SO_2}、φ_{NO_2} —— SO_2、NO_2 浓度换算为 $PM_{2.5}$ 浓度的系数；

ρ_{SO_2}、ρ_{NO_2} —— SO_2、NO_2 的预测质量浓度，$\mu g/m^3$。

采用 CALPUFF 或网格模型预测 $PM_{2.5}$ 时，模拟输出的贡献浓度应包括一次 $PM_{2.5}$ 和二次 $PM_{2.5}$ 质量浓度的叠加结果。

对于已采纳规划环评要求的规划所包含的建设项目，当工程建设内容及污染物排放总量均未发生重大变更时，建设项目环境影响预测可引用规划环评的模拟结果。

6.6.7 预测与评价内容

（1）达标区的评价项目

项目正常排放条件下，预测环境空气保护目标和网格点主要污染物的短期浓度和长期浓度贡献值，评价其最大浓度占标率。

项目正常排放条件下，预测评价叠加环境空气质量现状浓度后，环境空气保护目标和网格点主要污染物的保证率、日平均质量浓度和年平均质量浓度的达标情况；对于项目排放的主要污染物仅有短期浓度限值的，评价其短期浓度叠加后的达标情况。如果是改建、扩建项目，还应同步减去“以新带老”污染源的环境影响。如果有区域削减项目，应同步减去削减源的环境影响。如果评价范围内还有其他排放同类污染物的在建、拟建项目，还应叠加在建、拟建项目的环境影响。

项目非正常排放条件下，预测评价环境空气保护目标和网格点主要污染物的 1 h 最大浓度贡献值及占标率。

（2）不达标区的评价项目

项目正常排放条件下，预测环境空气保护目标和网格点主要污染物的短期浓度和长期浓度贡献值，评价其最大浓度占标率。

项目正常排放条件下，预测评价叠加大气环境质量限期达标规划（以下简称达标规划）的目标浓度后，环境空气保护目标和网格点主要污染物保证率日平均质量浓度和年平均质量浓度的达标情况；对于项目排放的主要污染物仅有短期浓度限值的，评价其短期浓度叠加后的达标情况；如果是改建、扩建项目，还应同步减去“以新带老”污染源的环境影响；如果有区域达标规划之外的削减项目，应同步减去削减源的环境影响；如果评价范围内还有其他排放同类污染物的在建、拟建项目，还应叠加在建、拟建项目的环境影响。

对于无法获得达标规划目标浓度场或区域污染源清单的评价项目，需评价区域环境质量的整体变化情况。

项目非正常排放条件下，预测环境空气保护目标和网格点主要污染物的 1 h 最大浓度贡献值，评价其最大浓度占标率。

（3）区域规划

预测评价区域规划方案中不同规划年叠加现状浓度后，环境空气保护目标和网格点主要污染物保证率日平均质量浓度和年平均质量浓度的达标情况；对于规划排放的其他污染物仅有短期浓度限值的，评价其叠加现状浓度后短期浓度的达标情况。

预测评价区域规划实施后的环境质量变化情况，分析区域规划方案的可行性。

（4）污染控制措施

对于达标区的建设项目，按达标区的评价项目要求预测评价不同方案主要污染物对环境空气保护目标和网格点的环境影响及达标情况，比较分析不同污染治理设施、预防措施或排放方案的有效性。

对于不达标区的建设项目，按不达标区的评价项目要求预测评价不同方案主要污染物对环境空气保护目标和网格点的环境影响，评价达标情况或评价区域环境质量的整体变化情况，比较分析不同污染治理设施、预防措施或排放方案的有效性。

（5）大气环境防护距离

对于项目厂界浓度满足大气污染物厂界浓度限值，但厂界外大气污染物短期贡献浓度超过环境质量浓度限值的，可以自厂界向外设置一定范围的大气环境防护区域，以确保大气环境防护区域外的污染物贡献浓度满足环境质量标准。

对于项目厂界浓度超过大气污染物厂界浓度限值的，应要求削减排放源强或调整工程布局，待满足厂界浓度限值后，再核算大气环境防护距离。

大气环境防护距离内不应有长期居住的人群。

不同评价对象或排放方案对应的预测内容和评价要求见表 6-5。

表 6-5　预测内容和评价要求

<table>
<tr><th>评价对象</th><th>污染源</th><th>污染源排放形式</th><th>预测内容</th><th>评价内容</th></tr>
<tr><td rowspan="3">达标区评价项目</td><td>新增污染源</td><td>正常排放</td><td>短期浓度
长期浓度</td><td>最大浓度占标率</td></tr>
<tr><td>新增污染源
−
“以新带老”污染源（如有）
−
区域削减污染源（如有）
+
其他在建、拟建污染源（如有）</td><td>正常排放</td><td>短期浓度
长期浓度</td><td>叠加环境质量现状浓度后的保证率日平均质量浓度和年平均质量浓度的占标率，或短期浓度的达标情况</td></tr>
<tr><td>新增污染源</td><td>非正常排放</td><td>1 h 平均质量浓度</td><td>最大浓度占标率</td></tr>
<tr><td rowspan="3">不达标区评价项目</td><td>新增污染源</td><td>正常排放</td><td>短期浓度
长期浓度</td><td>最大浓度占标率</td></tr>
<tr><td>新增污染源
−
“以新带老”污染源（如有）
−
区域削减污染源（如有）
+
其他在建、拟建的污染源（如有）</td><td>正常排放</td><td>短期浓度
长期浓度</td><td>叠加达标规划目标浓度后的保证率日平均质量浓度和年平均质量浓度的占标率，或短期浓度的达标情况；评价年平均质量浓度变化率</td></tr>
<tr><td>新增污染源</td><td>非正常排放</td><td>1 h 平均质量浓度</td><td>最大浓度占标率</td></tr>
<tr><td>区域规划</td><td>不同规划期/规划方案污染源</td><td>正常排放</td><td>短期浓度
长期浓度</td><td>保证率日平均质量浓度和年平均质量浓度的占标率，年平均质量浓度变化率</td></tr>
<tr><td>大气环境防护距离</td><td>新增污染源
−
“以新带老”污染源（如有）
+
项目全厂现有污染源</td><td>正常排放</td><td>短期浓度</td><td>大气环境防护距离</td></tr>
</table>

6.6.8　评价方法

（1）环境影响叠加

1）达标区环境影响叠加

预测评价项目建成后各污染物对预测范围的环境影响，应用本项目的贡献浓度，叠加（减去）区域削减污染源，以及其他在建、拟建项目污染源环境影响，并叠加环境质量现状浓度，计算方法见式（6-5）。

$$\rho_{叠加(x,y,t)} = \rho_{本项目(x,y,t)} - \rho_{区域削减(x,y,t)} + \rho_{拟在建(x,y,t)} + \rho_{现状(x,y,t)} \tag{6-5}$$

式中，$\rho_{叠加(x,y,t)}$—— 在 t 时刻，预测点（x，y）叠加各污染源及现状浓度后的环境质量浓度，μg/m^3；

$\rho_{本项目(x,y,t)}$—— 在 t 时刻，本项目对预测点（x，y）的贡献浓度，μg/m^3；

$\rho_{区域削减(x,y,t)}$—— 在 t 时刻，区域削减污染源对预测点（x，y）的贡献浓度，μg/m^3；

$\rho_{现状(x,y,t)}$—— 在 t 时刻，预测点（x，y）的环境质量现状浓度，μg/m^3，各预测点环境质量现状浓度按本书 6.4.4（3）方法计算；

$\rho_{拟在建(x,y,t)}$—— 在 t 时刻，其他在建、拟建项目污染源对预测点（x，y）的贡献浓度，μg/m^3。

其中本项目预测的贡献浓度除新增污染源环境影响外，还应减去“以新带老”污染源的环境影响，计算方法见式（6-6）。

$$\rho_{本项目(x,y,t)} = \rho_{新增(x,y,t)} - \rho_{以新带老(x,y,t)} \tag{6-6}$$

式中，$\rho_{新增(x,y,t)}$—— 在 t 时刻，本项目新增污染源对预测点（x，y）的贡献浓度，μg/m^3；

$\rho_{以新带老(x,y,t)}$—— 在 t 时刻，“以新带老”污染源对预测点（x，y）的贡献浓度，μg/m^3。

2）不达标区环境影响叠加

对于不达标区的环境影响评价，应在各预测点上叠加达标规划中达标年的目标浓度，分析达标规划年的保证率日平均质量浓度和年平均质量浓度的达标情况。叠加方法可以用达标规划方案中的污染源清单参与影响预测，也可直接用达标规划模拟的浓度场进行叠加计算。计算方法见式（6-7）。

$$\rho_{叠加(x,y,t)} = \rho_{本项目(x,y,t)} - \rho_{区域削减(x,y,t)} + \rho_{拟在建(x,y,t)} + \rho_{规划(x,y,t)} \tag{6-7}$$

式中，$\rho_{规划(x,y,t)}$—— 在 t 时刻，预测点（x，y）的达标规划年目标浓度，μg/m^3。

（2）保证率日平均质量浓度

对于保证率日平均质量浓度，首先按以上方法计算叠加后预测点上的日平均质量浓度，然后对该预测点所有日平均质量浓度从小到大进行排序，根据各污染物日平均质量浓度的保证率（p），计算排在 p 百分位数的第 m 个序数，序数 m 对应的日平均质量浓度即为保证率日平均浓度 C_m。其中序数 m 计算方法见式（6-8）。

$$m = 1 + (n - 1) \times p \tag{6-8}$$

式中，p —— 该污染物日平均质量浓度的保证率，按 HJ 663 规定的对应污染物年评价中 24 h 平均百分位数取值，%；

n —— 1 个日历年内单个预测点上的日平均质量浓度的所有数据个数，个；

m —— 百分位数 p 对应的序数（第 m 个），向上取整数。

（3）浓度超标范围

以评价基准年为计算周期，统计各网格点的短期浓度或长期浓度的最大值，所有最大浓度超过环境质量标准的网格，即为该污染物浓度超标范围。超标网格的面积之和即为该污染物的浓度超标面积。

（4）区域环境质量变化评价

当无法获得不达标区规划达标年的区域污染源清单或预测浓度场时，也可评价区域环境质量的整体变化情况。按式（6-9）计算实施区域削减方案后预测范围的年平均质量浓度变化率 k。当 $k \leqslant -20\%$时，可判定项目建设后区域环境质量得到整体改善。

$$k = \left[\bar{\rho}_{本项目(a)} - \bar{\rho}_{区域削减(a)}\right] / \bar{\rho}_{区域削减(a)} \times 100\% \tag{6-9}$$

式中，k —— 预测范围年平均质量浓度变化率，%；

$\bar{\rho}_{本项目(a)}$ —— 本项目对所有网格点的年平均质量浓度贡献值的算术平均值，$\mu g/m^3$；

$\bar{\rho}_{区域削减(a)}$ —— 区域削减污染源对所有网格点的年平均质量浓度贡献值的算术平均值，$\mu g/m^3$。

（5）大气环境防护距离确定

采用进一步预测模型模拟评价基准年内，本项目所有污染源（改建、扩建项目应包括全厂现有污染源）对厂界外主要污染物的短期贡献浓度分布。厂界外预测网格分辨率不应超过 50 m。

在底图上标注从厂界起所有超过环境质量短期浓度标准值的网格区域，以自厂界起至超标区域的最远垂直距离作为大气环境防护距离。

（6）污染控制措施有效性分析与方案比选

达标区建设项目选择大气污染治理设施、预防措施或多方案比选时，应综合考虑成本和治理效果，选择最佳可行技术方案，保证大气污染物能够达标排放，并使环境影响可以接受。

不达标区建设项目选择大气污染治理设施、预防措施或多方案比选时，应优先考虑治理效果，结合达标规划和替代源削减方案的实施情况，在只考虑环境因素的前提下选择最优技术方案，保证大气污染物达到最低排放强度和排放浓度，并使环境影响可以接受。

污染治理设施及预防措施有效性分析与方案比选内容、结果与格式要求见 HJ 2.2—2018 附录 C。

（7）污染物排放量核算

污染物排放量核算包括本项目的新增污染源及改建、扩建污染源（如有）。

根据最终确定的污染治理设施、预防措施及排污方案，确定本项目所有新增及改建、扩建污染源大气排污节点、排放污染物、污染治理设施与预防措施，以及大气排放口基本情况。

本项目各排放口排放大气污染物的核算排放浓度、排放速率及污染物年排放量，应为通过环境影响评价，并且环境影响评价结论为可接受时对应的各项排放参数。污染物排放量核算内容与格式要求见 HJ 2.2—2018 附录 C。

本项目大气污染物年排放量包括项目各有组织排放源和无组织排放源在正常排放条件下的预测排放量之和。污染物年排放量按式（6-10）计算，内容与格式要求见 HJ 2.2—2018 附录 C。

$$E_{年排放}=\sum_{i=1}^{n}\left(M_{i有组织}\times H_{i有组织}\right)/1\,000+\sum_{j=1}^{m}\left(M_{j有组织}\times H_{j有组织}\right)/1\,000 \tag{6-10}$$

式中，$E_{年排放}$ —— 项目年排放量，t/a；

$M_{i有组织}$ —— 第 i 个有组织排放源排放速率，kg/h；

$H_{i有组织}$ —— 第 i 个有组织排放源年有效排放小时数，h/a；

$M_{j有组织}$ —— 第 j 个无组织排放源排放速率，kg/h；

$H_{j有组织}$ —— 第 j 个个无组织排放源全年有效排放小时数，h/a。

本项目各排放口非正常排放量核算，应结合本书 6.6.7 节中非正常排放预测结果，优先提出相应的污染控制与减缓措施。当出现 1 h 平均质量浓度贡献值超过环境质量标准时，应提出减少污染排放直至停止生产的相应措施。明确列出发生非正常排放的污染源、非正常排放原因、排放污染物、非正常排放浓度与排放速率、单次持续时间、年发生频次及应对措施等。相关内容与格式要求见 HJ 2.2—2018 附录 C。

（8）评价结果表达

评价结果表达包括以下 7 项：

①基本信息底图。包括项目所在区域相关地理信息的底图，至少应包括评价范围内的环境功能区划、环境空气保护目标、项目位置、监测点位，以及图例、比例尺、基准年风频玫瑰图等要素。

②项目基本信息图。在基本信息底图上标识项目边界、总平面布置、大气排放口位

置等信息。

③达标评价结果表。列表给出各环境空气保护目标及网格最大浓度点主要污染物现状浓度、贡献浓度、叠加现状浓度后保证率日平均质量浓度和年平均质量浓度、占标率、是否达标等评价结果。

④网格浓度分布图。包括叠加现状浓度后主要污染物保证率日平均质量浓度分布图和年平均质量浓度分布图。网格浓度分布图的图例间距一般按相应标准值的 5%～100% 进行设置。如果某种污染物环境空气质量超标，还需在评价报告及浓度分布图上标示超标范围与超标面积，以及与环境空气保护目标的相对位置关系等。

⑤大气环境防护区域图。在项目基本信息图上沿出现超标的厂界外延按本书 6.6.8 节确定的大气环境防护距离所包括的范围，作为本项目的大气环境防护区域。大气环境防护区域应包含自厂界起连续的超标范围。

⑥污染治理设施、预防措施及方案比选结果表。列表对比不同污染控制措施及排放方案对环境的影响，评价不同方案的优劣。

⑦污染物排放核算表。包括有组织及无组织排放量、大气污染物年排放量、非正常排放量等。

一级评价应包括以上 7 项的内容。二级评价一般应包括上面①、②及⑦的内容。

6.7 大气污染防治措施

6.7.1 防治要求

达标区域的建设项目环境影响评价，当同时满足以下条件时，则认为环境影响可以接受：

①新增污染源正常排放下污染物短期浓度贡献值的最大浓度占标率≤100%。

②新增污染源正常排放下污染物年均浓度贡献值的最大浓度占标率≤30%（其中一类区≤10%）。

③项目环境影响符合环境功能区划。叠加现状浓度、区域削减污染源及在建、拟建项目的环境影响后，主要污染物的保证率日平均质量浓度和年平均质量浓度均符合环境质量标准；对于项目排放的主要污染物仅有短期浓度限值的，叠加后的短期浓度符合环境质量标准。

不达标区域的建设项目环境影响评价，当同时满足以下条件时，则认为环境影响可以接受：

①达标规划未包含的新增污染源建设项目，需另有替代源的削减方案。

②新增污染源正常排放下污染物短期浓度贡献值的最大浓度占标率≤100%。

③新增污染源正常排放下污染物年均浓度贡献值的最大浓度占标率≤30%（其中一类区≤10%）。

④项目环境影响符合环境功能区划或满足区域环境质量改善目标。现状浓度超标的污染物评价，叠加达标年目标浓度、区域削减污染源及在建、拟建项目的环境影响后，污染物的保证率日平均质量浓度和年平均质量浓度均符合环境质量标准或满足达标规划确定的区域环境质量改善目标，或按本书 6.6.8 节计算的预测范围内年平均质量浓度变化率 $k \leq -20\%$；对于现状达标的污染物评价，叠加后污染物浓度符合环境质量标准；对于项目排放的主要污染物仅有短期浓度限值的，叠加后的短期浓度符合环境质量标准。

区域规划的环境影响评价，当主要污染物的保证率日平均质量浓度和年平均质量浓度均符合环境质量标准，对于主要污染物仅有短期浓度限值的，叠加后的短期浓度符合环境质量标准时，则认为区域规划环境影响可以接受。

6.7.2　污染控制措施及对策

大气污染治理设施与预防措施必须符合排放标准的有关规定，满足经济、技术可行性要求。

从项目选址选线、污染源的排放强度与排放方式、污染控制措施技术与经济可行性等方面，结合区域环境质量现状及区域削减方案、项目正常排放及非正常排放下大气环境影响预测结果，综合评价治理设施、预防措施及排放方案的优劣，并对存在的问题（如果有）提出解决方案。经对解决方案进行进一步预测和评价比选后，给出大气污染控制措施可行性建议及最终的推荐方案。

习　题

1. 简述大气环境影响评价的工作程序。

2. 大气环境影响评价可划分为哪 3 个阶段？

3. 大气环境影响评价工作分级依据是什么？

4. 大气环境影响评价的范围如何确定？对于以线源为主的城市道路等项目，评价范围如何确定？

5. 环境空气质量现状调查资料的来源有哪些？

6. 环境空气质量现状监测中，一级评价要监测哪两个时期？二级评价要监测什么时期？

7. 大气环境影响评价因子主要是什么污染物？

8. 大气环境影响的计算点可分为哪 3 类？

9. 连续点源高斯扩散模式的假设主要有哪些？

10. 某工厂烟囱有效源高 50 m，SO_2 排放量 120 kg/h，排口风速 4.0 m/s，求 SO_2 最大落地浓度（P_1=40）。若使最大落地浓度下降至 0.010 mg/m^3，其他条件相同的情况下，有效源高应为多少？

11. 大气环境影响评价中，联合频率是用于预测（　）浓度？

A. 年平均　B. 季平均　C. 日平均　D. 月平均

第7章 土壤环境影响评价

7.1 土壤环境基础知识

7.1.1 土壤环境

土壤环境指受自然或人为因素作用的，由矿物质、有机质、水、空气、生物有机体等组成的陆地表面疏松综合体，包括陆地表层能够生长植物的土壤层和污染物能够影响的松散层等。

7.1.2 土壤环境生态影响

土壤环境生态影响指由于人为因素引起土壤环境特征变化导致其生态功能变化的过程或状态。

7.1.3 土壤环境污染影响

土壤环境污染影响指因人为因素导致某种物质进入土壤环境，引起土壤物理、化学、生物等方面特性的改变，导致土壤质量恶化的过程或状态。

7.1.4 土壤环境敏感目标

土壤环境敏感目标指可能受人为活动影响的、与土壤环境相关的敏感区或对象。

7.2 土壤环境影响评价工作程序

7.2.1 工作程序

土壤环境影响评价工作可划分为准备阶段、现状调查与评价阶段、预测分析与评价阶段和结论阶段。土壤环境影响评价工作程序见图 7-1。

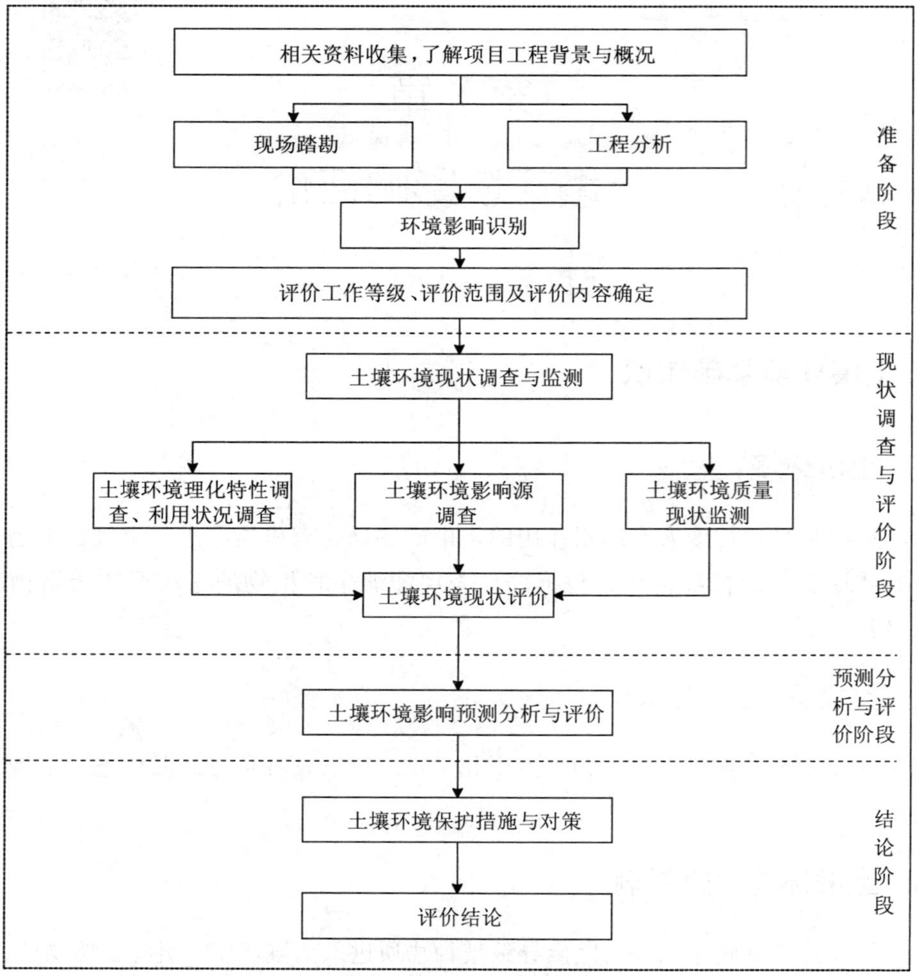

图 7-1 土壤环境影响评价工作程序

7.2.2 各阶段主要工作内容

（1）准备阶段

收集分析国家和地方土壤环境相关的法律、法规、政策、标准及规划等资料；了解建设项目工程概况，结合工程分析，识别建设项目对土壤环境可能造成的影响类型，分析可能造成土壤环境影响的主要途径；开展现场踏勘工作，识别土壤环境敏感目标；确定评价等级、范围与内容。

（2）现状调查与评价阶段

采用相应的标准与方法，开展现场调查、取样、监测和数据分析与处理等工作，进行土壤环境现状评价。

（3）预测分析与评价阶段

依据《环境影响评价技术导则　土壤环境（试行）》（HJ 964—2018）制定的或经论证有效的方法，预测分析与评价建设项目对土壤环境可能造成的影响。

（4）结论阶段

综合分析各阶段成果，提出土壤环境保护措施与对策，对土壤环境影响评价结论进行总结。

7.3　土壤环境影响识别及评价工作分级

7.3.1　土壤环境影响识别

（1）影响识别基本要求

在工程分析结果的基础上，结合土壤环境敏感目标，根据建设项目建设期、运营期和服务期满后（可根据项目情况选择）3 个阶段的具体特征，识别土壤环境影响类型与影响途径；对于运营期内土壤环境影响源可能发生变化的建设项目，还应按其变化特征分阶段进行环境影响识别。

（2）识别内容

根据《环境影响评价技术导则　土壤环境（试行）》（HJ 964—2018）的附录 A 识别建设项目所属行业的土壤环境影响评价项目类别。

识别建设项目土壤环境影响类型与影响途径、影响源与影响因子，初步分析可能影响的范围，具体识别内容参见《环境影响评价技术导则　土壤环境（试行）》（HJ 964—2018）的附录 B。

根据《土地利用现状分类》（GB/T 21010—2017）识别建设项目及周边的土地利用类型，分析建设项目可能影响的土壤环境敏感目标。

7.3.2　土壤环境影响评价工作分级

土壤环境影响评价工作等级分为一级、二级、三级。

（1）生态影响型

建设项目所在地土壤环境敏感程度分为敏感、较敏感、不敏感，判别依据见表 7-1；同一建设项目涉及两个或两个以上场地或地区，应分别判定其敏感程度；产生两种或两种以上生态影响后果的，敏感程度按相对最高级别判定。

表 7-1 生态影响型敏感程度分级

敏感程度	判别依据		
	盐化	酸化	碱化
敏感	建设项目所在地干燥度[a]>2.5 且常年地下水位平均深<1.5 m 的地势平坦区域；或土壤含盐量>4 g/kg 的区域	pH≤4.5	pH≥9.0
较敏感	建设项目所在地干燥度>2.5 且常年地下水位平均埋深≥1.5 m 的，或 1.8<干燥度≤2.5 且常年地下水位平均埋深<1.8 m 的地势平坦区域；建设项目所在地干燥度>2.5 或常年地下水位平均埋深<1.5 m 的平原区；或 2 g/kg<土壤含盐量≤4 g/kg 的区域	4.5<pH≤5.5	8.5≤pH<9.0
不敏感	其他	5.5<pH<8.5	

注：a 是指采用 E601 观测的多年平均水面蒸发量与降水量的比值，即蒸降比值。

根据识别的土壤环境影响评价项目类别与敏感程度分级结果划分评价工作等级，见表 7-2。

表 7-2 生态影响型评价工作等级划分

敏感程度	项目类别		
	Ⅰ类	Ⅱ类	Ⅲ类
敏感	一级	二级	三级
较敏感	二级	二级	三级
不敏感	二级	三级	—

注：“—”表示可不开展土壤环境影响评价工作。

（2）污染影响型

将建设项目占地规模分为大型（≥50 hm^2）、中型（5～50 hm^2）、小型（≤5 hm^2），建设项目占地主要为永久占地。

建设项目所在地周边的土壤环境敏感程度分为敏感、较敏感、不敏感，判别依据见表 7-3。

表 7-3　污染影响型敏感程度分级

敏感程度	判别依据
敏感	建设项目周边存在耕地、园地、牧草地、饮用水水源地或居民区、学校、医院、疗养院、养老院等土壤环境敏感目标的
较敏感	建设项目周边存在其他土壤环境敏感目标的
不敏感	其他情况

根据土壤环境影响评价项目类别、占地规模与敏感程度划分评价工作等级，见表 7-4。

表 7-4　污染影响型评价工作等级划分

敏感程度	项目类别								
	Ⅰ类			Ⅱ类			Ⅲ类		
	大	中	小	大	中	小	大	中	小
敏感	一级	一级	一级	二级	二级	二级	三级	三级	三级
较敏感	一级	一级	二级	二级	二级	三级	三级	三级	—
不敏感	一级	二级	二级	二级	三级	三级	三级	—	—

注：“—”表示可不开展土壤环境影响评价工作。

建设项目同时涉及土壤环境生态影响型与污染影响型时，应分别判定评价工作等级，并按相应等级分别开展评价工作。

当同一建设项目涉及两个或两个以上场地时，各场地应分别判定评价工作等级，并按相应等级分别开展评价工作。

线性工程重点针对主要站场位置（如输油站、泵站、阀室、加油站、维修场所等）参照表 7-3、表 7-4 分段判定评价等级，并按相应等级分别开展评价工作。

7.4　土壤环境现状调查与评价

7.4.1　基本原则与要求

1）土壤环境现状调查与评价工作应遵循资料收集与现场调查相结合、资料分析与现状监测相结合的原则。

2）土壤环境现状调查与评价工作的深度应满足相应的工作级别要求，当现有资料不能满足要求时，应通过组织现场调查、监测等方法获取。

3）建设项目同时涉及土壤环境生态影响型与污染影响型时，应分别按相应评价工作等级要求开展土壤环境现状调查，可根据建设项目特征适当调整、优化调查内容。

4）工业园区内的建设项目，应重点在建设项目占地范围内开展现状调查工作，并兼顾其可能影响的园区外围土壤环境敏感目标。

7.4.2 调查评价范围

调查评价范围应包括建设项目可能影响的范围，能满足土壤环境影响预测和评价要求；改、扩建类建设项目的现状调查评价范围还应兼顾现有工程可能影响的范围。

建设项目（除线性工程外）土壤环境影响现状调查评价范围可根据建设项目影响类型、污染途径、气象条件、地形地貌、水文地质条件等确定并说明，或参考表 7-5 确定。

表 7-5 现状调查范围

评价工作等级	影响类型	调查范围[a]	
		占地[b]范围内	占地范围外
一级	生态影响型	全部	5 km 范围内
	污染影响型		1 km 范围内
二级	生态影响型		2 km 范围内
	污染影响型		0.2 km 范围内
三级	生态影响型		1 km 范围内
	污染影响型		0.05 km 范围内

注：a 涉及大气沉降途径影响的，可根据主导风向下风向的最大落地浓度点适当调整。
b 矿山类项目指开采区与各场地的占地；改、扩建类的指现有工程与拟建工程的占地。

建设项目同时涉及土壤环境生态影响与污染影响时，应分别确定调查评价范围。

危险品、化学品或石油等输送管线应以工程边界两侧向外延伸 0.2 km 作为调查评价范围。

7.4.3 调查内容与要求

（1）资料收集

根据建设项目特点、可能产生的环境影响和当地环境特征，有针对性地收集调查评价范围内的相关资料，主要包括以下内容：

①土地利用现状图、土地利用规划图、土壤类型分布图。

②气象资料、地形地貌特征资料、水文及水文地质资料等。

③土地利用历史情况。

④与建设项目土壤环境影响评价相关的其他资料。

（2）理化特性调查内容

在充分收集资料的基础上，根据土壤环境影响类型、建设项目特征与评价需要，有针对性地选择土壤理化特性调查内容，主要包括土体构型、土壤结构、土壤质地、阳离子交换量、氧化还原电位、饱和导水率、土壤容重、孔隙度等；土壤环境生态影响型建设项目还应调查植被、地下水位埋深、地下水溶解性总固体等，可参照 HJ 964—2018 中的表 C.1 填写（略）。

评价工作等级为一级的建设项目应参照 HJ 964—2018 中的表 C.2（略）填写土壤剖面调查表。

7.4.4 影响源调查

应调查与建设项目产生同种特征因子或造成相同土壤环境影响后果的影响源。

改、扩建的污染影响型建设项目，其评价工作等级为一级、二级的，应对现有工程的土壤环境保护措施情况进行调查，并重点调查主要装置或设施附近的土壤污染现状。

7.4.5 现状监测

（1）基本要求

建设项目土壤环境现状监测应根据建设项目的影响类型、影响途径，有针对性地开展监测工作，了解或掌握调查评价范围内土壤环境现状。

（2）布点原则

①土壤环境现状监测点布设应根据建设项目土壤环境影响类型、评价工作等级、土地利用类型确定，采用均布性与代表性相结合的原则，充分反映建设项目调查评价范围内的土壤环境现状，可根据实际情况优化调整。

②调查评价范围内的每种土壤类型应至少设置 1 个表层样监测点，监测点应尽量设置在未受人为污染或相对未受污染的区域。

③生态影响型建设项目应根据建设项目所在地的地形特征、地面径流方向设置表层样监测点。

④涉及入渗途径影响的，主要产污装置区应设置柱状样监测点，采样深度需至装置底部与土壤接触面以下，根据可能影响的深度适当调整。

⑤涉及大气沉降影响的，应在占地范围外主导风向的上、下风向各设置 1 个表层样监测点，可在最大落地浓度点增设表层样监测点。

⑥涉及地面漫流途径影响的，应结合地形地貌，在占地范围外的上、下游各设置 1 个表层样监测点。

⑦线性工程应重点在站场位置（如输油站、泵站、阀室、加油站及维修场所等）设置监测点，涉及危险品、化学品或石油等输送管线的应根据评价范围内土壤环境敏感目标或厂区内的平面布局情况确定监测点布设位置。

⑧评价工作等级为一级、二级的改、扩建项目，应在现有工程厂界外可能产生影响的土壤环境敏感目标处设置监测点。

⑨涉及大气沉降影响的改、扩建项目，可在主导风向下风向适当增加监测点位，以反映降尘对土壤环境的影响。

⑩建设项目占地范围及其可能影响区域的土壤环境已存在污染风险的，应结合用地历史资料和现状调查情况，在可能受影响最重的区域布设监测点；取样深度根据其可能影响的情况确定。

⑪建设项目现状监测点设置应兼顾土壤环境影响跟踪监测计划。

（3）现状监测点数量要求

建设项目各评价工作等级的监测点数不少于表 7-6 要求。

表 7-6　现状监测布点类型与数量

评价工作等级		占地范围内	占地范围外
一级	生态影响型	5 个表层样点[a]	6 个表层样点
	污染影响型	5 个柱状样点[b]，2 个表层样点	4 个表层样点
二级	生态影响型	3 个表层样点	4 个表层样点
	污染影响型	3 个柱状样点，1 个表层样点	2 个表层样点
三级	生态影响型	1 个表层样点	2 个表层样点
	污染影响型	3 个表层样点	—

注：“—”表示无现状监测布点类型与数量的要求。

a 表层样应在 0～0.2 m 取样。

b 柱状样通常在 0～0.5 m、0.5～1.5 m、1.5～3 m 分别取样，3 m 以下每 3 m 取 1 个样，可根据基础埋深、土体构型适当调整。

生态影响型建设项目可优化调整占地范围内、外监测点数量，保持总数不变；占地范围超过 5 000 hm^2 的，每增加 1 000 hm^2 增加 1 个监测点。

污染影响型建设项目占地范围超过 100 hm^2 的，每增加 20 hm^2 增加 1 个监测点。

（4）现状监测取样方法

表层样监测点及土壤剖面的土壤监测取样方法一般参照《土壤环境监测技术规范》（HJ/T 166）执行，柱状样监测点和污染影响型改、扩建项目的土壤监测取样方法还可参照 HJ 25.1、HJ 25.2 执行。

（5）现状监测因子

土壤环境现状监测因子分为基本因子和建设项目的特征因子。

①基本因子为《土壤环境质量　农用地土壤污染风险管控标准（试行）》（GB 15618—2018）、《土壤环境质量　建设用地土壤污染风险管控标准（试行）》（GB 36600—2018）中规定的基本项目，分别根据调查评价范围内的土地利用类型选取。

②特征因子为建设项目产生的特有因子，根据 HJ 964—2018 的附录 B 确定；既是特征因子又是基本因子的，按特征因子对待。

③布点原则中规定的点位须监测基本因子与特征因子；其他监测点位可仅监测特征因子。

（6）现状监测频次要求

①基本因子：评价工作等级为一级的建设项目，应至少开展 1 次现状监测；评价工作等级为二级、三级的建设项目，若掌握近 3 年至少 1 次的监测数据，可不再进行现状监测；引用监测数据应满足布点原则和现状监测点数量要求的相关要求，并说明数据有效性。

②特征因子：应至少开展 1 次现状监测。

7.4.6　现状评价

（1）评价因子

土壤环境现状监测因子分为基本因子和建设项目的特征因子。

①基本因子为 GB 15618、GB 36600 中规定的基本项目，分别根据调查评价范围内的土地利用类型选取。

②特征因子为建设项目产生的特有因子，根据 HJ 964—2018 的附录 B 确定；既是特征因子又是基本因子的，按特征因子对待。

③布点原则中规定的点位须监测基本因子与特征因子；其他监测点位可仅监测特征因子。

（2）评价标准

根据调查评价范围内的土地利用类型，分别选取 GB 15618、GB 36600 等标准中的筛选值进行评价，土地利用类型无相应标准的可只给出现状监测值。

评价因子在 GB 15618、GB 36600 等标准中未规定的，可参照行业、地方或国外相关标准进行评价，无可参照标准的可只给出现状监测值。

土壤盐化、酸化、碱化等的分级标准参见 HJ 964—2018 的附录 D。

（3）评价方法

土壤环境质量现状评价应采用标准指数法，并进行统计分析，给出样本数量、最大值、最小值、均值、标准差、检出率、超标率、最大超标倍数等。

对照 HJ 964—2018 的附录 D 给出各监测点位土壤盐化、酸化、碱化的级别，统计样本数量、最大值、最小值和均值，并评价均值对应的级别。

（4）评价结论

生态影响型建设项目应给出土壤盐化、酸化、碱化的现状。

污染影响型建设项目应给出评价因子是否满足评价标准中相关标准要求的结论；当评价因子存在超标时，应分析超标原因。

7.5 土壤环境影响预测与评价

7.5.1 基本原则与要求

根据影响识别结果与评价工作等级，结合当地土地利用规划确定影响预测的范围、时段、内容和方法。

选择适宜的预测方法，预测评价建设项目各实施阶段不同环节与不同环境影响防控措施下的土壤环境影响，给出预测因子的影响范围与程度，明确建设项目对土壤环境的影响结果。

应重点预测评价建设项目对占地范围外土壤环境敏感目标的累积影响，并根据建设项目特征兼顾对占地范围内的影响预测。

土壤环境影响分析可定性或半定量地说明建设项目对土壤环境产生的影响及趋势。

建设项目导致土壤潜育化、沼泽化、潴育化和土地沙漠化等影响的，可根据土壤环境特征，结合建设项目特点，分析土壤环境可能受到影响的范围和程度。

7.5.2 预测评价范围

一般与现状调查评价范围一致。

7.5.3 预测评价时段

根据建设项目土壤环境影响识别结果，确定重点预测时段。

7.5.4 情景设置

在土壤环境影响识别的基础上，根据建设项目特征设定预测情景。

7.5.5　预测与评价因子

污染影响型建设项目应根据环境影响识别出的特征因子选取关键预测因子。

可能造成土壤盐化、酸化、碱化影响的建设项目，分别选取土壤盐分含量、pH 等作为预测因子。

7.5.6　预测评价标准

GB 15618、GB 36600，或 HJ 964—2018 中的附录 D、附录 F。

7.5.7　预测与评价方法

土壤环境影响预测与评价方法应根据建设项目土壤环境影响类型与评价工作等级确定。

可能引起土壤盐化、酸化、碱化等影响的建设项目，其评价工作等级为一级、二级的，预测方法可参见 HJ 964—2018 的附录 E、附录 F 或进行类比分析。

污染影响型建设项目，其评价工作等级为一级、二级的，预测方法可参见 HJ 964—2018 的附录 E 或进行类比分析；占地范围内还应根据土体构型、土壤质地、饱和导水率等分析其可能影响的深度。

评价工作等级为三级的建设项目，可采用定性描述或类比分析法进行预测。

7.5.8　预测评价结论

（1）以下情况可得出建设项目土壤环境影响可接受的结论

①建设项目各不同阶段，土壤环境敏感目标处且占地范围内各评价因子均满足预测评价标准中相关标准要求的。

②生态影响型建设项目各不同阶段，出现或加重土壤盐化、酸化、碱化等问题，但采取防控措施后，可满足相关标准要求的。

③污染影响型建设项目各不同阶段，土壤环境敏感目标处或占地范围内有个别点位、层位或评价因子出现超标，但采取必要措施后，可满足 GB 15618、GB 36600 或其他土壤污染防治相关管理规定的。

（2）以下情况不能得出建设项目土壤环境影响可接受的结论

①生态影响型建设项目：土壤盐化、酸化、碱化等对预测评价范围内土壤原有生态功能造成重大不可逆影响的。

②污染影响型建设项目各不同阶段，土壤环境敏感目标处或占地范围内多个点位、层位或评价因子出现超标，采取必要措施后，仍无法满足 GB 15618、GB 36600 或其他土

壤污染防治相关管理规定的。

7.6 土壤污染防治措施

7.6.1 防治基本要求

1）土壤环境保护措施与对策应包括保护的对象、目标，措施的内容、设施的规模及工艺、实施部位和时间、实施的保证措施、预期效果的分析等，在此基础上估算（概算）环境保护投资，并编制环境保护措施布置图。

2）在建设项目可行性研究提出的防控对策基础上，结合建设项目特点、调查评价范围内的土壤环境质量现状，根据环境影响预测与评价结果，提出合理、可行、操作性强的土壤环境影响防控措施。

3）改、扩建项目应针对现有工程引起的土壤环境影响问题，提出“以新带老”措施，有效减轻影响程度或控制影响范围，防止土壤环境影响加剧。

4）涉及取土的建设项目，所取土壤应满足占地范围对应的土壤环境相关标准要求，并说明其来源；弃土应按照固体废物相关规定进行处理处置，确保不产生二次污染。

7.6.2 土壤环境保护措施与对策

（1）土壤环境质量现状保障措施

对于建设项目占地范围内的土壤环境质量存在点位超标的，应依据土壤污染防治相关管理办法、规定和标准，采取有关土壤污染防治措施。

（2）源头控制措施

①生态影响型建设项目应结合项目的生态影响特征，按照生态系统功能优化的理念，坚持高效、适用的原则提出源头防控措施。

②污染影响型建设项目应针对关键污染源、污染物的迁移途径提出源头控制措施，并与《环境影响评价技术导则　大气环境》（HJ 2.2）、《环境影响评价技术导则　地表水环境》（HJ 2.3）、《环境影响评价技术导则　生态影响》（HJ 19）、《建设项目环境风险评价技术导则》（HJ 169）、《环境影响评价技术导则　地下水环境》（HJ 610）等的要求相协调。

（3）过程防控措施

建设项目根据行业特点与占地范围内的土壤特性，按照相关技术要求采取过程阻断、污染物削减和分区防控措施。

1）生态影响型

①涉及酸化、碱化影响的可采取相应措施调节土壤 pH，以减轻土壤酸化、碱化的程度。

②涉及盐化影响的，可采取排水排盐或降低地下水位等措施，以减轻土壤盐化的程度。

2）污染影响型

①涉及大气沉降影响的，占地范围内应采取绿化措施，以种植具有较强吸附能力的植物为主。

②涉及地面漫流影响的，应根据建设项目所在地的地形特点优化地面布局，必要时设置地面硬化、围堰或围墙，以防止土壤环境污染。

③涉及入渗途径影响的，应根据相关标准规范要求，对设备设施采取相应的防渗措施，以防止土壤环境污染。

（4）跟踪监测

①土壤环境跟踪监测措施包括制订跟踪监测计划、建立跟踪监测制度，以便及时发现问题，采取措施。

②土壤环境跟踪监测计划应明确监测点位、监测指标、监测频次及执行标准等。

a）监测点位应布设在重点影响区和土壤环境敏感目标附近；

b）监测指标应选择建设项目特征因子；

c）评价工作等级为一级的建设项目一般每 3 年内开展 1 次监测工作，二级的每 5 年内开展 1 次，三级的必要时可开展跟踪监测；

d）生态影响型建设项目跟踪监测应尽量在农作物收割后开展；

e）执行标准应同评价标准。

③监测计划应包括向社会公开的信息内容。

习 题

1. 名词解释

（1）土壤环境生态影响；（2）土壤环境污染影响。

2. 简述土壤环境影响评价的工作程序。

3. 简述土壤环境影响评价的工作分级。

4. 土壤环境现状调查主要从哪些部门收集相关资料？

5. 如何选定土壤环境质量评价因子？

6. 土壤环境现状调查的评价范围是如何确定的？

7. 土壤环境影响预测评价结论有哪些？

第 8 章

声环境影响评价

8.1 声环境基础知识

8.1.1 噪声

在工业生产、建筑施工、交通运输和社会生活中产生的干扰周围生活环境的声音（频率在 20 Hz～20 kHz 的可听声范围内）。

8.1.2 固定声源

在声源发声时间内，声源位置不发生移动的声源。

8.1.3 移动声源

在声源发声时间内，声源位置按一定轨迹移动的声源。

8.1.4 点声源

以球面波形式辐射声波的声源，辐射声波的声压幅值与声波传播距离成反比。任何形状的声源，只要声波波长远远大于声源几何尺寸，该声源可视为点声源。

8.1.5 线声源

以柱面波形式辐射声波的声源，辐射声波的声压幅值与声波传播距离的平方根成反比。

8.1.6　面声源

以平面波形式辐射声波的声源，辐射声波的声压幅值不随传播距离改变。

8.1.7　声环境保护目标

依据法律、法规、标准政策等确定的需要保持安静的建筑物及建筑物集中区。

8.1.8　等效连续 A 声级

在规定测量时间 T 内 A 声级的能量平均值，用 $L_{\mathrm{Aeq},T}$ 表示（简写为 L_{eq}），单位为 dB。

根据定义，等效连续 A 声级表示为

$$L_{\mathrm{Aeq},T}=10\lg\left(\frac{1}{T}\int_0^T 10^{0.1L_{\mathrm{A}}}\,\mathrm{d}t\right) \tag{8-1}$$

式中，$L_{\mathrm{Aeq},T}$——等效连续 A 声级，dB；

L_{A}——t 时刻的瞬时 A 声级，dB；

T——规定的测量时间段，s。

8.1.9　背景噪声级

评价范围内不含建设项目自身声源影响的声级。

8.1.10　噪声贡献值

由建设项目自身声源在预测点产生的声级。

噪声贡献值（L_{eqg}）计算公式为

$$L_{\mathrm{eqg}}=10\lg\left(\frac{1}{T}\sum_i t_i 10^{0.1L_{\mathrm{A}i}}\right) \tag{8-2}$$

式中，L_{eqg}——噪声贡献值，dB；

T——预测计算的时间段，s；

t_i——i 声源在 T 时段内的运行时间，s；

$L_{\mathrm{A}i}$——i 声源在预测点产生的等效连续 A 声级，dB。

8.1.11　噪声预测值

预测点的贡献值和背景值按能量叠加方法计算得到的声级。

噪声预测值（L_{eq}）计算公式为

$$L_{eq}=10\lg\left(10^{0.1L_{eqg}}+10^{0.1L_{eqb}}\right) \tag{8-3}$$

式中，L_{eq}——预测点的噪声预测值，dB；

L_{eqg}——建设项目声源在预测点产生的噪声贡献值，dB；

L_{eqb}——预测点的背景噪声值，dB。

机场航空器噪声评价时，不叠加其他噪声源产生的噪声影响。

8.1.12 列车通过时段内等效连续 A 声级

预测点的列车通过时段内等效连续 A 声级（L_{Aeq,T_p}）计算公式为

$$L_{\mathrm{Aeq},T_p}=10\lg\left[\frac{1}{t_2-t_1}\int_{t_1}^{t_2}\frac{p_A^2(t)}{p_0^2}\mathrm{d}t\right] \tag{8-4}$$

式中，L_{Aeq,T_p}——列车通过时段内的等效连续 A 声级，dB；

T_{p}——测量经过的时间段，$T_{\mathrm{p}}=t_2-t_1$，表示始于 t_1 终于 t_2，s；

$p_{\mathrm{A}}(t)$——瞬时 A 计权声压，Pa；

p_0——基准声压，p_0=20 μPa。

8.1.13 机场航空器噪声事件的有效感觉噪声级

对某一飞行事件的有效感觉噪声级按下式近似计算：

$$L_{\mathrm{EPN}}=L_{\mathrm{Amax}}+10\lg\left(T_{\mathrm{d}}/20\right)+13 \tag{8-5}$$

式中，L_{EPN}——有效感觉噪声级，dB；

L_{Amax}——一次噪声事件中测量时段内单架航空器通过时的最大 A 声级，dB；

T_{d}——在 L_{Amax} 下 10 dB 的延续事件，s。

8.1.14 A 声级

用 A 计权网络测得的声压级，用 L_{A} 表示，单位 dB（A）。

人类的听力并不是声压的直接呈现，而是进行了大脑的加工处理。A 声级是根据人的听觉特性来计量声音的。响度级就是指当选取 1 000 Hz 纯音做基准音时，凡是听起来和该纯音一样响的声音，不论其声压级和频率是多少，它的响度级（方值）就等于该纯音的声压级数。

A 声级是模拟人耳的听觉特性，根据 40 方等响曲线设计的声音计权方法。能够较好地反映人对各种噪声的主观评价，是目前评价噪声的主要指标。等响曲线是指每一条曲线表示不同频率、不同声压级的纯音具有相同的响度级。

8.1.15　声功率

声功率：单位时间内声源辐射出来的总声能量，或单位时间通过某一面积的声能，单位 W。

声波频率 f：每秒钟媒质质点振动的次数，单位 Hz。

频率范围：次声波，10^{-4}～20 Hz；可听声波，20～2×10^4 Hz；超声波，20×10^4～2×10^9 Hz。

可听声波的频率范围较宽，按式（8-6）可将声波划分为 10 个频带。n=1 时就是倍频带。

$$f_2 = 2^n f_1 \tag{8-6}$$

式中，f_1——下限频率，Hz；

f_2——上限频率，Hz。

噪声监测仪器有频谱分析仪器，可测量不同频带的声压级。

8.1.16　声压级

声压级：某声压 P 与基准声压 P_0 之比的常用对数乘以 20，为该声音的声压级，以分贝（dB）计，即

$$L_P = 20\lg\frac{P}{P_0} \tag{8-7}$$

式中，P_0——2×10^{-5} Pa，该数值是正常人耳对 1 000 Hz 声音刚刚能察觉到的最低声压值（或可听声阈）。

人耳的听阈声压为 2×10^{-5} Pa，痛阈声压为 20 Pa，两者相差 100 万倍。

8.1.17　声功率级

声源的声功率与基准声功率之比的常用对数乘以 10，即

$$L_W = 10\lg\frac{W}{W_0} \tag{8-8}$$

式中，L_W——对应声功率 W 的声功率级，dB；

W——声功率，W；

W_0——基准声功率，等于 10^{-12} W。

倍频带声功率级：声波在某一中心频率倍频带上限和下限频率范围内的不同频率声波能量合成的声功率级。

8.1.18 统计噪声级

当某噪声的声级有较大波动时，用其监测值的统计物理量来描述该噪声，即

L_{10}：表示在取样时间内10%的时间超过的噪声级，相当于噪声平均峰值；

L_{50}：表示在取样时间内50%的时间超过的噪声级，相当于噪声的平均值；

L_{90}：表示在取样时间内90%的时间超过的噪声级，相当于噪声的背景值。

8.1.19 昼间等效声级

昼间等效声级（L_d）：在昼间时段内测得的等效连续A声级，单位dB（A）。“昼间”是指6：00—22：00的时段。

8.1.20 夜间等效声级

夜间等效声级（L_n）：在夜间时段内测得的等效连续A声级，单位dB（A）。“夜间”是指22：00—次日06：00的时段。

8.1.21 最大A声级

最大A声级（L_{Amax}）：在规定的测量时间段内或对某一独立噪声事件，测得的A声级最大值。

8.1.22 声源源强

A计权声功率级（L_{Aw}）或倍频带声功率级（L_w），必要时应包含声源指向性描述；距离声源r处的A计权声压级［$L_A(r)$］或倍频带声压级［$L_p(r)$］，必要时应包含声源指向性描述；有效感觉噪声级（L_{EPN}）。

8.1.23 声环境质量

根据《声环境质量标准》（GB 3096），声环境质量评价量为昼间等效A声级（L_d）、夜间等效A声级（L_n），夜间突发噪声的评价量为最大A声级（L_{Amax}）。

根据《机场周围飞机噪声环境标准》（GB 9660）和《机场周围飞机噪声测量方法》（GB 9661），机场周围区域受飞机通过（起飞、降落、低空飞越）噪声影响的评价量为计权等效连续感觉噪声级（L_{WECPN}）。

8.1.24 厂界、场界、边界噪声

根据《工业企业厂界环境噪声排放标准》(GB 12348)，工业企业厂界噪声评价量为昼间等效A声级(L_d)、夜间等效A声级(L_n)，夜间频发、偶发噪声的评价量为最大A声级(L_{Amax})。

根据《建筑施工场界噪声限值》(GB 12523)，建筑施工场界噪声评价量为昼间等效A声级(L_d)、夜间等效A声级(L_n)，夜间最大A声级(L_{Amax})。

根据《铁路边界噪声限值及其测量方法》(GB 12525)，铁路边界噪声评价量为昼间等效A声级(L_d)、夜间等效A声级(L_n)。

根据《社会生活环境噪声排放标准》(GB 22337)，社会生活噪声排放源边界噪声评价量为昼间等效A声级(L_d)、夜间等效A声级(L_n)，非稳态噪声的评价量为最大A声级(L_{Amax})。

8.1.25 列车通过噪声、飞机航空器通过噪声

铁路、城市轨道交通单列车通过时噪声影响评价量为通过时段内等效连续A声级(L_{Aeq,T_p})，单架航空器通过时噪声影响评价量为最大A声级(L_{Amax})。

8.1.26 评价水平年

根据建设项目实施过程中噪声影响特点，可按施工期和运行期分别开展声环境影响评价。运行期声源为固定声源时，将固定声源投产运行年作为评价水平年；运行期声源为移动声源时，将工程预测的代表性水平年作为评价水平年。

8.1.27 声环境功能区

按区域的使用功能特点和环境质量要求，根据GB 3096，声环境功能区分为以下5种类型：

0类声环境功能区：指康复疗养区等特别需要安静的区域。

1类声环境功能区：指以居民住宅、医疗卫生、文化教育、科研设计、行政办公为主要功能，需要保持安静的区域。

2类声环境功能区：指以商业金融、集市贸易为主要功能，或者居住、商业、工业混杂，需要维护住宅安静的区域。

3类声环境功能区：指以工业生产、仓储物流为主要功能，需要防止工业噪声对周围环境产生严重影响的区域。

4类声环境功能区：指交通干线两侧一定距离之内，需要防止交通噪声对周围环境产生严重影响的区域，包括4a类和4b类两种类型。4a类为高速公路、一级公路、二级公路、城市快速路、城市主干路、城市次干路、城市轨道交通（地面段）、内河航道两侧区域；4b类为铁路干线两侧区域（表8-1）。

表8-1 环境噪声限值 单位：dB（A）

声环境功能区类别		时段	
		昼间	夜间
0类		50	40
1类		55	45
2类		60	50
3类		65	55
4类	4a类	70	55
	4b类	70	60

表中4b类声环境功能区环境噪声限值，适用于2011年1月1日起环境影响评价文件通过审批的新建铁路（含新开廊道的增建铁路）干线建设项目两侧区域。

在下列情况下，铁路干线两侧区域不通过列车时的环境背景噪声限值，按昼间70 dB（A）、夜间55 dB（A）执行：

①穿越城区的既有铁路干线。

②对穿越城区的既有铁路干线进行改建、扩建的铁路建设项目。

既有铁路是指2010年12月31日前已建成运营的铁路或环境影响评价文件已通过审批的铁路建设项目。

各类声环境功能区夜间突发噪声，其最大声级不得超过环境噪声限值15 dB（A）。

8.2 声环境影响评价工作程序

声环境影响评价的工作程序见图8-1。

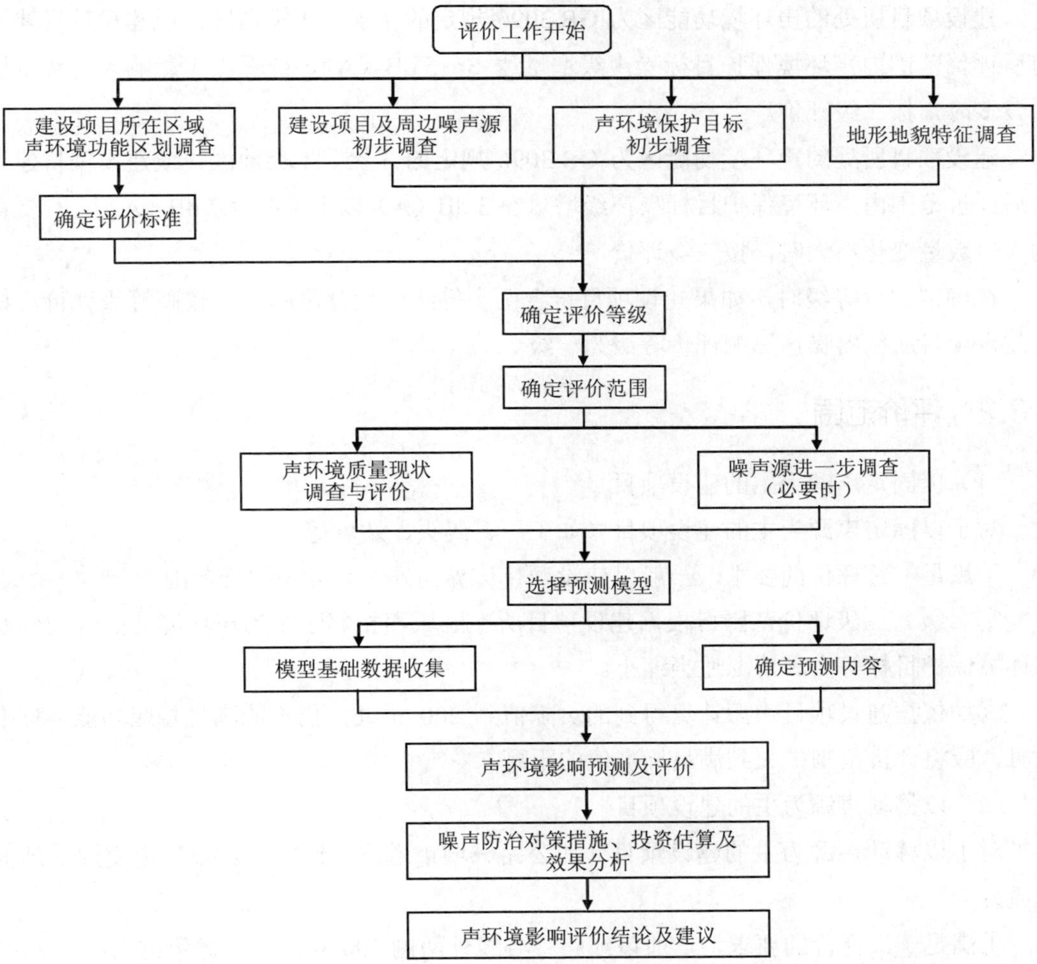

图 8-1　评价工作程序

8.3　声环境影响评价等级、评价范围及评价标准

8.3.1　评价等级

声环境影响评价工作等级一般分为三级，一级为详细评价，二级为一般性评价，三级为简要评价。

评价范围内有适用于 GB 3096 规定的 0 类声环境功能区域，或建设项目建设前后评价范围内声环境保护目标噪声级增量达 5 dB（A）以上［不含 5 dB（A）］，或受影响人口数量显著增加时，按一级评价。

建设项目所处的声环境功能区为 GB 3096 规定的 1 类、2 类地区，或建设项目建设前后评价范围内声环境保护目标噪声级增量达 3～5 dB（A），或受噪声影响人口数量增加较多时，按二级评价。

建设项目所处的声环境功能区为 GB 3096 规定的 3 类、4 类地区，或建设项目建设前后评价范围内声环境保护目标噪声级增量在 3 dB（A）以下［不含 3 dB（A）］，且受影响人口数量变化不大时，按三级评价。

在确定评价等级时，如果建设项目符合两个等级的划分原则，按较高等级评价。机场建设项目航空器噪声影响评价等级为一级。

8.3.2 评价范围

（1）以固定声源为主的建设项目

对于以固定声源为主的建设项目（如工厂、码头、站场等）：

①满足一级评价的要求，一般以建设项目边界向外 200 m 为评价范围。

②二级、三级评价范围可根据建设项目所在区域和相邻区域的声环境功能区类别及声环境保护目标等实际情况适当缩小。

③如依据建设项目声源计算得到的贡献值到 200 m 处，仍不能满足相应功能区标准值时，应将评价范围扩大到满足标准值的距离。

（2）以移动声源为主的建设项目

对于以移动声源为主的建设项目（如公路、城市道路、铁路、城市轨道交通等地面交通）：

①满足一级评价的要求，一般以线路中心线外两侧 200 m 以内为评价范围。

②二级、三级评价范围可根据建设项目所在区域和相邻区域的声环境功能区类别及声环境保护目标等实际情况适当缩小。

③如依据建设项目声源计算得到的贡献值到 200 m 处，仍不能满足相应功能区标准值时，应将评价范围扩大到满足标准值的距离。

（3）机场项目

机场项目噪声评价范围按以下方法确定：

①机场项目按照每条跑道承担的飞行量进行评价范围划分。对于单跑道项目，以机场整体的吞吐量及起降架次判定机场噪声评价范围；对于多跑道机场，根据各条跑道分别承担的飞行量情况各自划定机场噪声评价范围并取合集。a. 单跑道机场，机场噪声评价范围应是以机场跑道两端、两侧外扩一定距离形成的矩形范围；b. 对于全部跑道均为平行构型的多跑道机场，机场噪声评价范围应是各条跑道外扩一定距离后的最远范围形成的矩形范围；c. 对于存在交叉构型的多跑道机场，机场噪声评价范围应为平行跑道（组）

与交叉跑道的合集范围。

②对于增加跑道项目或变更跑道位置项目（如现有跑道变为滑行道或新建一条跑道），在现状机场噪声影响评价和扩建机场噪声影响评价工作中，可分别划定机场噪声评价范围。

③机场噪声评价范围应不小于计权等效连续感觉噪声级 70 dB 等声级线范围。

④不同飞行量机场推荐噪声评价范围见表 8-2。

表 8-2　机场项目噪声评价范围

机场类别	起降架次 N（单条跑道承担量）	跑道两端推荐评价范围	跑道两侧推荐评价范围
运输机场	N≥15 万架次/年	两端各 12 km 以上	两侧各 3 km
	10 万架次/年≤N<15 万架次/年	两端各 10～12 km	两侧各 2 km
	5 万架次/年≤N<10 万架次/年	两端各 8～10 km	两侧各 1.5 km
	3 万架次/年≤N<5 万架次/年	两端各 6～8 km	两侧各 1 km
	1 万架次/年≤N<3 万架次/年	两端各 3～6 km	两侧各 1 km
	N<1 万架次/年	两端各 3 km	两侧各 0.5 km
通用机场	无直升飞机	两端各 3 km	两侧各 0.5 km
	有直升飞机	两端各 3 km	两侧各 1 km

8.3.3　评价标准

应根据声源的类别和项目所处的声环境功能区类别确定声环境影响评价标准。没有划分声环境功能区的区域应采用地方生态环境主管部门确定的标准。

8.4　声环境现状调查与分析

8.4.1　噪声源调查与分析

（1）调查与分析对象

噪声源调查包括拟建项目的主要固定声源和移动声源。给出主要声源的数量、位置和强度，并在标准规范的图中标识固定声源的具体位置或移动声源的路线、跑道等位置。

噪声源调查内容和工作深度应符合环境影响预测模型对噪声源参数的要求。

一级、二级、三级评价均应调查分析拟建项目的主要噪声源。

（2）源强获取方法

噪声源源强核算应按照《污染源源强核算技术指南　准则》（HJ 884—2018）的要求

进行，有行业污染源源强核算技术指南的应优先按照指南中规定的方法进行；无行业污染源源强核算技术指南，但行业导则中对源强核算方法有规定的，优先按照行业导则中规定的方法进行。

对于拟建项目噪声源源强，当缺少所需数据时，可通过声源类比测量或引用有效资料、研究成果来确定。采用声源类比测量时应给出类比条件。

噪声源需获取的参数、数据格式和精度应符合环境影响预测模型输入要求。

8.4.2 声环境现状调查与评价

（1）一级、二级评价

调查评价范围内声环境保护目标的名称、地理位置、行政区划、所在声环境功能区、不同声环境功能区内人口分布情况、与建设项目的空间位置关系、建筑情况等。

评价范围内具有代表性的声环境保护目标的声环境质量现状需要现场监测，其余声环境保护目标的声环境质量现状可通过类比或现场监测结合模型计算给出。

调查评价范围内有明显影响的现状声源的名称、类型、数量、位置、源强等。评价范围内现状声源源强调查应采用现场监测法或收集资料法确定。分析现状声源的构成及其影响，对现状调查结果进行评价。

（2）三级评价

调查评价范围内声环境保护目标的名称、地理位置、行政区划、所在声环境功能区、不同声环境功能区内人口分布情况、与建设项目的空间位置关系、建筑情况等。

对评价范围内具有代表性的声环境保护目标的声环境质量现状进行调查，可利用已有的监测资料，无监测资料时可选择有代表性的声环境保护目标进行现场监测，并分析现状声源的构成。

（3）声环境质量现状调查方法

现状调查方法包括现场监测法、现场监测结合模型计算法、收集资料法。调查时，应根据评价等级的要求和现状噪声源情况，确定需采用的具体方法。

1）现场监测法

现场监测法的监测依据：声环境质量现状监测执行 GB 3096；机场周围飞机噪声测量执行 GB 9661；工业企业厂界环境噪声测量执行 GB 12348；社会生活环境噪声测量执行 GB 22337；建筑施工场界环境噪声测量执行 GB 12523；铁路边界噪声测量执行 GB 12525。现场监测法监测布点应遵循以下原则：

①布点应覆盖整个评价范围，包括厂界（场界、边界）和声环境保护目标。当声环境保护目标高于（含）3 层建筑时，还应按照噪声垂直分布规律、建设项目与声环境保护目标高差等因素选取有代表性的声环境保护目标的代表性楼层设置测点。

②评价范围内没有明显的声源时（如工业噪声、交通运输噪声、建设施工噪声、社会生活噪声等），可选择有代表性的区域布设测点。

③评价范围内有明显的声源，并对声环境保护目标的声环境质量有影响时，或建设项目为改、扩建工程，应根据声源种类采取不同的监测布点原则：

a. 当声源为固定声源时，现状测点应重点布设在可能同时受到既有声源和建设项目声源影响的声环境保护目标处，以及其他有代表性的声环境保护目标处；为满足预测需要，也可在距离既有声源不同距离处布设衰减测点。

b. 当声源为移动声源且呈现线声源特点时，现状测点位置选取应兼顾声环境保护目标的分布状况、工程特点及线声源噪声影响随距离衰减的特点，布设在具有代表性的声环境保护目标处。为满足预测需要，可在垂直于线声源不同水平距离处布设衰减测点。

c. 对于改、扩建机场工程，测点一般布设在主要声环境保护目标处，重点关注航迹下方的声环境保护目标及跑道侧向较近处的声环境保护目标，测点数量可根据机场飞行量及周围声环境保护目标情况确定，现有单条跑道、两条跑道或三条跑道的机场可分别布设 3～9 个、9～14 个或 12～18 个噪声测点，跑道增加或保护目标较多时可进一步增加测点。对于评价范围内少于 3 个声环境保护目标的情况，原则上布点数量不少于 3 个，结合声保护目标位置布点的，应优先选取跑道两端航迹 3 km 以内范围的保护目标位置布点；无法结合保护目标位置布点的，可适当结合航迹下方的导航台站位置进行布点。

2）现场监测结合模型计算法

当现状噪声声源复杂且声环境保护目标密集，在调查声环境质量现状时，可考虑采用现场监测结合模型计算法，如多种交通并存且周边声环境保护目标分布密集、机场改扩建等情形。

利用监测或调查得到的噪声源源强及影响声传播的参数，采用各类噪声预测模型进行噪声影响计算，将计算结果和监测结果进行比较验证，计算结果和监测结果在允许误差范围内（≤3 dB）时，可利用模型计算其他声环境保护目标的现状噪声值。

8.4.3　现状评价

分析评价范围内既有主要声源种类、数量及相应的噪声级、噪声特性等，明确主要声源分布。

分别评价厂界（场界、边界）和各声环境保护目标的超标和达标情况，分析其受到既有主要声源的影响状况。

8.4.4 现状评价图、表要求

（1）现状评价图

一般应包括评价范围内的声环境功能区划图，声环境保护目标分布图，工矿企业厂区（声源位置）平面布置图，城市道路、公路、铁路、城市轨道交通等的线路走向图，机场总平面图及飞行程序图，现状监测布点图，声环境保护目标与项目关系图等；图中应标明图例、比例尺、方向标等，制图比例尺一般不应小于工程设计文件对其相关图件要求的比例尺；线性工程声环境保护目标与项目关系图比例尺应不小于 1∶5 000，机场项目声环境保护目标与项目关系图底图应采用近 3 年内空间分辨率不低于 5 m 的卫星影像或航拍图，声环境保护目标与项目关系图比例尺不应小于 1∶10 000。

（2）声环境保护目标调查表

列表给出评价范围内声环境保护目标的名称、户数、建筑物层数和建筑物数量，并明确声环境保护目标与建设项目的空间位置关系等。

（3）声环境现状评价结果表

列表给出厂界（场界、边界）、各声环境保护目标现状值及超标和达标情况分析，给出不同声环境功能区或声级范围（机场航空器噪声）内的超标户数。

8.5 声环境影响预测和评价

8.5.1 预测范围

声环境影响预测范围应与评价范围相同。

8.5.2 预测点和评价点确定原则

建设项目评价范围内声环境保护和建设项目厂界（场界、边界）应作为预测点和评价点。

8.5.3 预测基础数据规范与要求

（1）声源数据

建设项目的声源资料主要包括声源种类、数量、空间位置、声级、发声持续时间和对声环境保护目标的作用时间等，环境影响评价文件中应标明噪声源数据的来源。工业企业等建设项目声源置于室内时，应给出建筑物门、窗、墙等围护结构的隔声量和室内平均吸声系数等参数。

（2）环境数据

影响声波传播的各类参数应通过资料收集和现场调查取得，各类数据如下：

①建设项目所处区域的年平均风速和主导风向、年平均气温、年平均相对湿度、大气压强。

②声源和预测点间的地形、高差。

③声源和预测点间障碍物（如建筑物、围墙等）的几何参数。

④声源和预测点间树林、灌木等的分布情况以及地面覆盖情况（如草地、水面、水泥地面、土质地面等）。

8.5.4　预测方法

声环境影响可采用参数模型、经验模型、半经验模型进行预测，也可采用比例预测法、类比预测法进行预测。

声环境影响预测模型见 HJ 2.4 附录 A 和附录 B。一般应按照附录 A 和附录 B 给出的预测方法进行预测，如采用其他预测模型，须注明来源并对所用的预测模型进行验证，并说明验证结果。

8.5.5　预测和评价内容

预测建设项目在施工期和运营期所有声环境保护目标处的噪声贡献值和预测值，评价其超标和达标情况。

预测和评价建设项目在施工期和运营期厂界（场界、边界）噪声贡献值，评价其超标和达标情况。

铁路、城市轨道交通、机场等建设项目，还需预测列车通过时段内声环境保护目标处的等效连续 A 声级（L_{Aeq,T_p}）、单架航空器通过时在声环境保护目标处的最大 A 声级（L_{Amax}）。

一级评价应绘制运行期代表性评价水平年噪声贡献值等声级线图，二级评价根据需要绘制等声级线图。

对工程设计文件给出的代表性评价水平年噪声级可能发生变化的建设项目，应分别预测。

8.5.6　预测评价结果图表要求

列表给出建设项目厂界（场界、边界）噪声贡献值和各声环境保护目标处的背景噪声值、噪声贡献值、噪声预测值、超标和达标情况等。分析超标原因，明确引起超标的主要声源。机场项目还应给出评价范围内不同声级范围覆盖下的面积。

判定为一级评价的工业企业建设项目应给出等声级线图；判定为一级评价的地面交通建设项目应结合现有或规划保护目标给出典型路段的噪声贡献值等声级线图；工业企业和地面交通建设项目预测评价结果图制图比例尺一般不应小于工程设计文件对其相关图件要求的比例尺；机场项目应给出飞机噪声等声级线图及超标声环境保护目标与等声级线关系局部放大图，飞机噪声等声级线图比例尺应和环境现状评价图一致，局部放大图底图应采用近3年内空间分辨率一般不低于1.5 m的卫星影像或航拍图，比例尺不应小于1∶5 000。

8.6 噪声防治对策措施

8.6.1 法规要求

（1）工业噪声污染防治

《中华人民共和国噪声污染防治法》中，工业噪声是指在工业生产活动中产生的干扰周围生活环境的声音。工业企业选址应当符合国土空间规划以及相关规划要求。在噪声敏感建筑物集中区域，禁止新建排放噪声的工业企业，改建、扩建工业企业的，应当采取有效措施防止工业噪声污染。

排放工业噪声的企业事业单位和其他生产经营者，应当采取有效措施，减少振动、降低噪声，依法取得排污许可证或者填报排污登记表。实行排污许可管理的单位，不得无排污许可证排放工业噪声，并应当按照排污许可证的要求进行噪声污染防治。

实行排污许可管理的单位应当按照规定，对工业噪声开展自行监测，保存原始监测记录，向社会公开监测结果，对监测数据的真实性和准确性负责。噪声重点排污单位应当按照国家规定，安装、使用、维护噪声自动监测设备，与生态环境主管部门的监控设备联网。

（2）建筑施工噪声污染防治

《中华人民共和国噪声污染防治法》中，建筑施工噪声是指在建筑施工过程中产生的干扰周围生活环境的声音。建设单位应当按照规定将噪声污染防治费用列入工程造价，在施工合同中明确施工单位的噪声污染防治责任。施工单位应当按照规定制定噪声污染防治实施方案，采取有效措施，减少振动、降低噪声。建设单位应当监督施工单位落实噪声污染防治实施方案。

在噪声敏感建筑物集中区域施工作业，应当优先使用低噪声施工工艺和设备。在噪声敏感建筑物集中区域施工作业，建设单位应当按照国家规定，设置噪声自动监测系统，与监督管理部门联网，保存原始监测记录，对监测数据的真实性和准确性负责。在噪声敏感建筑物集中区域，禁止夜间进行产生噪声的建筑施工作业，但抢修、抢险施工作业，因生产工艺要求或者其他特殊需要必须连续施工作业的除外。

（3）交通运输噪声污染防治

《中华人民共和国噪声污染防治法》中，交通运输噪声是指机动车、铁路机车车辆、城市轨道交通车辆、机动船舶、航空器等交通运输工具在运行时产生的干扰周围生活环境的声音。

新建公路、铁路线路选线设计应当尽量避开噪声敏感建筑物集中区域。新建民用机场选址与噪声敏感建筑物集中区域的距离应当符合标准要求。新建、改建、扩建经过噪声敏感建筑物集中区域的高速公路、城市高架、铁路和城市轨道交通线路等的，建设单位应当在可能造成噪声污染的重点路段设置声屏障或者采取其他减少振动、降低噪声的措施，符合有关交通基础设施工程技术规范及标准要求。

在车站、铁路站场、港口等地指挥作业时使用广播喇叭的，应当控制音量，减轻噪声污染。公路养护管理单位、城市道路养护维修单位应当加强对公路、城市道路的维护和保养，保持减少振动、降低噪声设施正常运行。

城市轨道交通运营单位、铁路运输企业应当加强对城市轨道交通线路和城市轨道交通车辆、铁路线路和铁路机车车辆的维护和保养，保持减少振动、降低噪声设施正常运行，并按照国家规定进行监测，保存原始监测记录，对监测数据的真实性和准确性负责。

民用机场所在地人民政府，应当根据环境影响评价以及监测结果确定的民用航空器噪声对机场周围生活环境产生影响的范围和程度，划定噪声敏感建筑物禁止建设区域和限制建设区域，并实施控制。在禁止建设区域禁止新建与航空无关的噪声敏感建筑物。在限制建设区域确需建设噪声敏感建筑物的，建设单位应当对噪声敏感建筑物进行建筑隔声设计，符合民用建筑隔声设计相关标准要求。民用航空器应当符合国务院民用航空主管部门规定的适航标准中的有关噪声要求。

民用机场管理机构负责机场起降航空器噪声的管理，会同航空运输企业、通用航空企业、空中交通管理部门等单位，采取低噪声飞行程序、起降跑道优化、运行架次和时段控制、高噪声航空器运行限制或者周围噪声敏感建筑物隔声降噪等措施，防止、减轻民用航空器噪声污染。

民用机场管理机构应当按照国家规定，对机场周围民用航空器噪声进行监测，保存原始监测记录，对监测数据的真实性和准确性负责，监测结果定期向民用航空、生态环境主管部门报送。

因公路、城市道路和城市轨道交通运行排放噪声造成严重污染的，设区的市、县级人民政府应当组织有关部门和其他有关单位对噪声污染情况进行调查评估和责任认定，制定噪声污染综合治理方案。噪声污染责任单位应当按照噪声污染综合治理方案的要求，采取管理或者工程措施，减轻噪声污染。

因铁路运行排放噪声造成严重污染的，铁路运输企业和设区的市、县级人民政府应当对噪声污染情况进行调查，制定噪声污染综合治理方案。铁路运输企业和设区的市、县级人民政府有关部门和其他有关单位应当按照噪声污染综合治理方案的要求采取有效措施，减轻噪声污染。

因民用航空器起降排放噪声造成严重污染的，民用机场所在地人民政府应当组织有关部门和其他有关单位对噪声污染情况进行调查，综合考虑经济、技术和管理措施，制定噪声污染综合治理方案。民用机场管理机构、地方各级人民政府和其他有关单位应当按照噪声污染综合治理方案的要求采取有效措施，减轻噪声污染。

8.6.2 一般要求

坚持统筹规划、源头防控、分类管理、社会共治、损害担责的原则。加强源头控制，合理规划噪声源与声环境保护目标布局；从噪声源、传播途径、声环境保护目标等方面采取措施；在技术经济可行条件下，优先考虑对噪声源和传播途径采取工程技术措施，实施噪声主动控制。

评价范围内存在声环境保护目标时，工业企业建设项目噪声防治措施应根据建设项目投产后厂界噪声影响最大噪声贡献值，以及声环境保护目标超标情况制定。

交通运输类建设项目（如公路、城市道路、铁路、城市轨道交通、机场项目等）的噪声防治措施应针对建设项目代表性评价水平年的噪声影响预测值进行制定。铁路建设项目噪声防治措施还应同时满足铁路边界噪声限值要求。结合工程特点和环境特点，在交通流量较大的情况下，铁路、城市轨道交通、机场等项目，还需考虑单列车通过（$L_{\mathrm{Aeq},T_\mathrm{p}}$）、单架航空器通过（$L_{\mathrm{Amax}}$）时噪声对声环境保护目标的影响，进一步强化控制要求和防治措施。

当声环境质量现状超标时，属于本工程有关的噪声问题应一并解决；属于本工程和工程外其他因素综合引起的，应优先采取措施降低本工程自身噪声贡献值，并推动相关部门采取区域综合整治等措施逐步解决相关噪声问题。

当工程评价范围内涉及主要保护对象为野生动物及其栖息地的生态敏感区时，应从优化工程设计和施工方案、采取降噪措施等方面强化控制要求。

8.6.3 防治途径

（1）规划防治对策

主要指从建设项目的选址（选线）、规划布局、总图布置（跑道方位布设）和设备布局等方面进行调整，提出降低噪声影响的建议。例如，根据“以人为本”“闹静分开”“合理布局”的原则，提出高噪声设备尽可能远离声环境保护目标、优化建设项目选址（选线）、调整规划用地布局等建议。

（2）噪声源控制措施

噪声源控制措施主要包括：

①选用低噪声设备、低噪声工艺。

②采取声学控制措施，如对声源采用吸声、消声、隔声、减震等措施。

③改进工艺、设施结构和操作方法等。

④将声源设置于地下、半地下室内。

⑤优先选用低噪声车辆、低噪声基础设施、低噪声路面等。

（3）噪声传播途径控制措施

噪声传播途径控制措施主要包括：

①设置声屏障等措施，包括直立式、折板式、半封闭、全封闭等类型声屏障。声屏障的具体形式根据声环境保护目标处超标程度、噪声源与声环境保护目标的距离、敏感建筑物高度等因素综合考虑来确定。

②利用自然地形物（如利用位于声源和声环境保护目标之间的山丘、土坡、地堑、围墙等）降低噪声。

（4）声环境保护目标自身防护措施

声环境保护目标自身防护措施主要包括：

①声环境保护目标自身增设吸声、隔声等措施。

②优化调整建筑物平面布局、建筑物功能布局。

③声环境保护目标功能置换或拆迁。

（5）管理措施

管理措施主要包括提出噪声管理方案（如合理制定施工方案、优化调度方案、优化飞行程序等），制定噪声监测方案，提出工程设施、降噪设施的运行使用、维护保养等方面的管理要求，必要时提出跟踪评价要求等。

8.6.4　典型建设项目的噪声防治措施

（1）工业噪声预测及防治措施

①应从选址、总图布置、声源、声传播途径及声环境保护目标自身防护等方面分别给出噪声防治的具体方案。主要包括选址的优化方案及其原因分析，总图布置调整的具体内容及其降噪效果（包括边界和声环境保护目标）；给出各主要声源的降噪措施、效果和投资。

②设置声屏障和对声环境保护目标进行噪声防护等措施方案、降噪效果及投资，并

进行经济、技术可行性论证。

③根据噪声影响特点和环境特点，提出规划布局及功能调整建议。

④提出噪声监测计划、管理措施等对策建议。

（2）公路、城市道路交通运输噪声预测及防治措施

①通过选线方案的声环境影响预测结果比较，分析声环境保护目标受影响的程度、影响规模，提出选线方案推荐建议。

②根据工程与环境特征，给出局部线路调整、声环境保护目标搬迁、临路建筑物使用功能变更、改善道路结构和路面材料、设置声屏障和对敏感建筑物进行噪声防护等具体的措施方案及其降噪效果，并进行经济、技术可行性论证。

③根据噪声影响特点和环境特点，提出城镇规划区路段线路与敏感建筑物之间的规划调整建议。

④给出车辆行驶规定（限速、禁鸣等）及噪声监测计划等对策建议。

（3）铁路、城市轨道交通噪声预测及防治措施

①通过不同选线方案声环境影响预测结果，分析声环境保护目标受影响的程度，提出优化的选线方案建议。

②根据工程与环境特征，提出局部线路和站场优化调整建议，明确声环境保护目标搬迁或功能置换措施，从列车、线路（路基或桥梁）、轨道的优选，列车运行方式、运行速度、鸣笛方式的调整，设置声屏障和对敏感建筑物进行噪声防护等方面，给出具体的措施方案及其降噪效果，并进行经济、技术可行性论证。

③根据噪声影响特点和环境特点，提出城镇规划区段铁路（或城市轨道交通）与敏感建筑物之间的规划调整建议。

④给出列车行驶规定及噪声监测计划等对策建议。

（4）机场航空器噪声预测及防治措施

①通过不同机场位置、跑道方位、飞行程序方案的声环境影响预测结果，分析声环境保护目标受影响的程度，提出优化的机场位置、跑道方位、飞行程序方案建议。

②根据工程与环境特征，给出机型优选，昼间、傍晚、夜间飞行架次比例的调整，对敏感建筑物进行噪声防护或使用功能变更、拆迁等具体的措施方案及其降噪效果，并进行经济、技术可行性论证。

③根据噪声影响特点和环境特点，提出机场噪声影响范围内的规划调整建议。

④给出机场航空器噪声监测计划等对策建议。

8.6.5 噪声防治措施图表要求

给出噪声防治措施位置、类型（型式）和规模、关键声学技术指标（包括实施效果）、

责任主体、实施保障，并估算噪声防治投资。

结合声环境保护目标与项目关系，给出噪声防治措施的布置平面图、设计图以及形式、位置、范围等。

8.7　噪声监测计划

一级、二级项目评价应根据项目噪声影响特点和声环境保护目标特点，提出项目在生产运行阶段的厂界（场界、边界）噪声监测计划和代表性声环境保护目标监测计划。

监测计划可根据噪声源特点、相关环境保护管理要求制定，可以选择自动监测或者人工监测。

监测计划中应明确监测点位置、监测因子、执行标准及其限值、监测频次、监测分析方法、质量保证与质量控制、经费估算及来源等。

习　题

1. 名词解释

（1）噪声；（2）等效连续 A 声级。

2. 点声源、线声源和面声源有哪些不同？

3. 统计噪声级 L_{10}、L_{50} 和 L_{90} 有哪些区别？

4. 根据《环境影响评价技术导则　声环境》，简述声源源强、声环境质量、厂界、场界、边界噪声、列车通过噪声、飞机航空器通过噪声的评价量。

5. 根据《环境影响评价技术导则　声环境》，声环境影响评价工作等级划分的依据是什么？

6. 根据《环境影响评价技术导则　声环境》，采用现状监测法调查声环境质量现状时，监测布点的原则是什么？

7. 根据《环境影响评价技术导则　声环境》，噪声防治途径有哪些？

8. 某建设项目水泵 1 m 外噪声级为 95 dB，厂界值要求标准为 55 dB，厂界与泵房最少距离应为多少米？

9. 某工厂有 4 种机器，声压级分别是 82 dB、84 dB、86 dB、89 dB，它们同时运行时的声压级是多少？

10. 某建设项目有两个噪声源 A 和 B，距 A 噪声源 4 m 处测为 85 dB，A 噪声源距居民楼 16 m；距 B 噪声源 5 m 处测为 80 dB，B 噪声源距居民楼 30 m，试计算两噪声源对居民楼的共同影响。

第9章 生态环境影响评价

9.1 生态环境基础知识

9.1.1 生态影响

工程占用、施工活动干扰、环境条件改变、时间或空间累积作用等，直接或间接导致物种、种群、生物群落、生境、生态系统及自然景观、自然遗迹等发生变化。生态影响包括直接、间接和累积的影响。

9.1.2 重要物种

在生态影响评价中需要重点关注、具有较高保护价值或保护要求的物种，包括国家及地方重点保护野生动植物名录所列的物种，《中国生物多样性红色名录》中列为极危（critically endangered）、濒危（endangered）和易危（vulnerable）的物种，国家和地方政府列入拯救保护的极小种群物种、特有种及古树名木等。

9.1.3 生态敏感区

包括法定生态保护区域、重要生境及其他具有重要生态功能、对保护生物多样性具有重要意义的区域。其中，法定生态保护区域包括依据法律法规、政策等规范性文件划定或确认的国家公园、自然保护区、自然公园等自然保护地、世界自然遗产、生态保护红线等区域；重要生境包括重要物种的天然集中分布区、栖息地，重要水生生物的产卵场、索饵场、越冬场和洄游通道，迁徙鸟类的重要繁殖地、停歇地、越冬地以及野生动物迁徙通道等。

9.1.4　生态保护目标

受影响的重要物种、生态敏感区以及其他需要保护的物种、种群、生物群落及生态空间等。

9.1.5　生态系统

英国生态学家 Tansley 提出：生态系统是在一定的空间和时间范围内，在各种生物之间及生物群落与其无机环境之间，通过能量流动和物质循环而相互作用的一个统一整体。

生态系统的组成：非生物环境；生产者；消费者；分解者。

9.1.6　生态完整性

与原始的状态相比，质量和状态没有遭受破坏的一种状态。一个生态系统只要能够保持其复杂性和自组织的能力及结构和功能的多样性，并且随着时间的推移，能够维持生态系统的自组织及复杂性，它就具有完整性。生态完整性包括自然系统的生产能力和稳定状况（抗御内外干扰的能力）两个方面。

9.1.7　生产力

生产力是生态系统的生物生产能力，反映生产有机质或积累能量的速率。群落（或生态系统）初级生产力是单位面积、单位时间群落（或生态系统）中植物利用太阳能固定的能量或生产的有机质的量。净初级生产力（NPP）是从固定的总能量或产生的有机质总量中减去植物呼吸所消耗的量，直接反映了植被群落在自然环境条件下的生产能力，表征陆地生态系统的质量状况。

9.2　生态环境影响评价工作程序

生态环境影响评价工作一般分为以下 3 个阶段，其具体工作程序见图 9-1。

第一阶段，收集、分析建设项目工程技术文件以及所在区域国土空间规划、生态环境分区管控方案、生态敏感区及生态环境状况等相关数据资料，开展现场踏勘，通过工程分析、筛选评价因子进行生态影响识别，确定生态保护目标，有必要的补充提出比选方案，确定评价等级、评价范围。

第二阶段，在充分的资料收集、现状调查、专家咨询基础上，根据不同评价等级的技术要求开展生态现状评价和影响预测分析。涉及有比选方案的，应对不同方案开展同等深度的生态环境比选论证。

第三阶段，根据生态影响预测和评价结果，确定科学合理、可行的工程方案，提出预防或减缓不利影响的对策和措施，制定相应的环境管理和生态监测计划，明确生态影响评价结论。

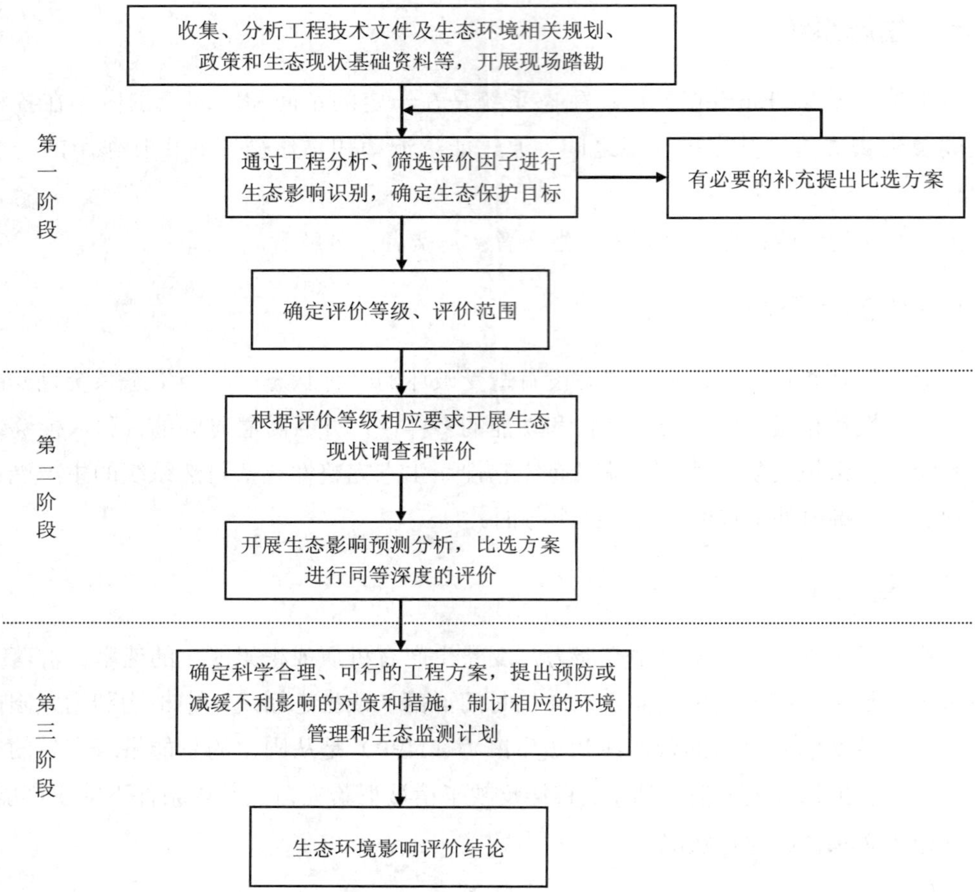

图 9-1 生态环境影响评价工作程序

9.3 生态环境影响因素识别

9.3.1 工程分析

按照 HJ 2.1 的要求开展工程分析，主要采用工程设计文件的数据和资料及类比工程的资料，明确建设项目地理位置、建设规模、总平面及施工布置、施工方式、施工时序、建设周期和运行方式，各种工程行为及其发生的地点、时间、方式和持续时间，以及设计方案中的生态保护措施等。

结合建设项目特点和区域生态环境状况，分析项目在施工期、运行期，以及服务期满后（可根据项目情况选择）可能产生生态影响的工程行为及其影响方式，判断生态影响性质和影响程度。重点关注影响强度大、范围广、历时长或涉及重要物种、生态敏感区的工程行为。

工程设计文件中包括工程位置、工程规模、平面布局、工程施工及工程运行等不同比选方案的，应对不同方案进行工程分析。现有方案均占用生态敏感区，或明显可能对生态保护目标产生显著不利影响，还应补充提出基于减缓生态影响考虑的比选方案。

9.3.2　评价因子筛选

在工程分析基础上筛选评价因子。生态环境影响评价因子筛选表参见表 9-1。评价标准可参照国家、行业、地方或国外相关标准，无参照标准的可采用所在地区及相似区域生态背景值或本底值、生态阈值或引用具有时效性的相关权威文献数据等。

表 9-1　生态环境影响评价因子表

受影响对象	评价因子
物种	分布范围、种群数量、种群结构、行为等
生境	生境面积、质量、连通性等
生物群落	物种组成、群落结构等
生态系统	植被覆盖度、生产力、生物量、生态系统功能等
生物多样性	物种丰富度、均匀度、优势度等
生态敏感区	主要保护对象、生态功能等
自然景观	景观多样性、完整性等
自然遗迹	遗迹多样性、完整性等

9.4　生态环境影响评价等级和评价范围

9.4.1　评价等级判定

依据建设项目影响区域的生态敏感性和影响程度，评价等级划分为一级、二级和三级。按以下原则确定评价等级：

①涉及国家公园、自然保护区、世界自然遗产、重要生境时，评价等级为一级。

②涉及自然公园时，评价等级为二级。

③涉及生态保护红线时，评价等级不低于二级。

④根据 HJ 2.3 判断属于水文要素影响型且地表水评价等级不低于二级的建设项目，生态影响评价等级不低于二级。

⑤根据 HJ 610、HJ 964 判断地下水水位或土壤影响范围内分布有天然林、公益林、湿地等生态保护目标的建设项目，生态影响评价等级不低于二级。

⑥当工程占地规模大于 20 km^2 时（包括永久和临时占用陆域和水域），评价等级不低于二级；改、扩建项目的占地范围以新增占地（包括陆域和水域）确定。

⑦除本条①、②、③、④、⑤、⑥以外的情况，评价等级为三级。

⑧当评价等级判定同时符合上述多种情况时，应采用其中最高的评价等级。

建设项目涉及经论证对保护生物多样性具有重要意义的区域时，可适当上调评价等级。建设项目同时涉及陆生、水生生态影响时，可针对陆生生态、水生生态分别判定评价等级。在矿山开采可能导致矿区土地利用类型明显改变，或拦河闸坝建设可能明显改变水文情势等情况下，评价等级应上调一级。线性工程可分段确定评价等级。线性工程地下穿越或地表跨越生态敏感区，在生态敏感区范围内无永久、临时占地时，评价等级可下调一级。涉海工程评价等级判定参照《海洋工程环境影响评价技术导则》（GB/T 19485）。符合生态环境分区管控要求且位于原厂界（或永久用地）范围内的污染影响类改扩建项目，位于已批准规划环评的产业园区内且符合规划环评要求、不涉及生态敏感区的污染影响类建设项目，可不确定评价等级，直接进行生态影响简单分析。

9.4.2 评价范围确定

生态环境影响评价应能够充分体现生态完整性和生物多样性保护要求，涵盖评价项目全部活动的直接影响区域和间接影响区域。评价范围应依据评价项目对生态因子的影响方式、影响程度和生态因子之间的相互影响和相互依存关系确定。可综合考虑评价项目与项目区的气候过程、水文过程、生物过程等生物地球化学循环过程的相互作用关系，以评价项目影响区域所涉及的完整气候单元、水文单元、生态单元、地理单元界限为参照边界。

涉及占用或穿（跨）越生态敏感区时，应考虑生态敏感区的结构、功能及主要保护对象合理确定评价范围。矿山开采项目评价范围应涵盖开采区及其影响范围、各类场地及运输系统占地以及施工临时占地范围等。水利水电项目评价范围应涵盖枢纽工程建筑物、水库淹没、移民安置等永久占地、施工临时占地，以及库区坝上、坝下地表地下、水文水质影响河段及区域、受水区、退水影响区、输水沿线影响区等。

线性工程穿越生态敏感区时，以线路穿越段向两端外延 1 km、线路中心线向两侧外延 1 km 为参考评价范围，实际确定时应结合生态敏感区主要保护对象的分布、生态学特征、项目的穿越方式、周边地形地貌等适当调整，主要保护对象为野生动物及其栖息地时，应进一步扩大评价范围，涉及迁徙、洄游物种的，其评价范围应涵盖工程影响的迁徙、洄游通道范围；穿越非生态敏感区时，以线路中心线向两侧外延 300 m 为参考评价范围。

陆上机场项目以占地边界外延 3～5 km 为参考评价范围，实际确定时应结合机场类型、规模、占地类型、周边地形地貌等适当调整。涉及净空处理的，应涵盖净空处理区域。航空器爬升或进近航线下方区域内有以鸟类为重点保护对象的自然保护地和鸟类重要生境的，评价范围应涵盖受影响的自然保护地和重要生境范围。

涉海工程的生态影响评价范围参照 GB/T 19485。污染影响类建设项目评价范围应涵盖直接占用区域，以及污染物排放产生的间接生态影响区域。

9.5　生态环境现状调查与评价

9.5.1　总体要求

生态环境现状调查应在充分收集资料的基础上开展现场工作，现状调查范围应不小于评价范围。现状评价应坚持定性和定量相结合、尽量采用定量方法的原则。现状调查及评价工作成果应采用文字、表格和图件相结合的表现形式。

9.5.2　生态环境现状调查方法

（1）资料收集法

收集现有的可以反映生态现状或生态背景的资料，分为现状资料和历史资料，包括相关文字、图件和影像等。引用资料应进行必要的现场校核。

（2）现场调查法

现场调查应遵循整体与重点相结合的原则，整体上兼顾项目所涉及的各个生态保护目标，突出重点区域和关键时段的调查，并通过实地踏勘，核实收集资料的准确性，以获取实际资料和数据。

（3）专家和公众咨询法

通过咨询有关专家，收集公众、社会团体和相关管理部门对项目的意见，发现现场踏勘中遗漏的相关信息。专家和公众咨询应与资料收集和现场调查同步开展。

（4）生态监测法

当资料收集、现场调查、专家和公众咨询获取的数据无法满足评价工作需要，或项目可能产生潜在的或长期累积影响时，可选用生态监测法。生态监测应根据监测因子的生态学特点和干扰活动的特点确定监测位置和频次，有代表性地布点。生态监测方法与技术要求须符合国家现行的有关生态监测规范和监测标准分析方法；对于生态系统生产力的调查，必要时需现场采样、实验室测定。

（5）遥感调查法

包括卫星遥感、航空遥感等方法。遥感调查应辅以必要的实地调查工作。

（6）陆生、水生动植物调查方法

陆生、水生动植物野外调查所需要的仪器、工具和常用的技术方法见 HJ 710.1～HJ 710.13。

（7）海洋生态调查方法

海洋生态调查方法见 GB/T 19485。

（8）淡水渔业资源调查方法

淡水渔业资源调查方法见《淡水渔业资源调查规范　河流》（SC/T 9429）。

（9）淡水浮游生物调查方法

淡水浮游生物调查方法见《淡水浮游生物调查技术规范》（SC/T 9402）。

9.5.3 生态环境现状及影响评价方法

（1）列表清单法

列表清单法是一种定性分析方法。该方法的特点是简单明了、针对性强。

1）方法

将拟实施的开发建设活动的影响因素与可能受影响的环境因子分别列在同一张表格的行与列内，逐点进行分析，并逐条阐明影响的性质、强度等，由此分析开发建设活动的生态影响。

2）应用

①进行开发建设活动对生态因子的影响分析。

②进行生态保护措施的筛选。

③进行物种或栖息地重要性或优先度比选。

（2）图形叠置法

图形叠置法是把两个及以上的生态信息叠合到一张图上，构成复合图，用以表示生态变化的方向和程度的方法。该方法的特点是直观、形象、简单明了。图形叠置法有两种基本制作手段：指标法和“3S”叠图法。

1）指标法

①确定评价范围。

②开展生态调查，收集评价范围及周边地区自然环境、动植物等信息。

③识别影响并筛选评价因子，包括识别和分析主要生态问题。

④建立表征评价因子特性的指标体系，通过定性分析或定量方法对指标赋值或分级，依据指标值进行区域划分。

⑤将上述区划信息绘制在生态图上。

2）“3S”叠图法

①选用符合要求的工作底图，底图范围应大于评价范围。

②在底图上描绘主要生态因子信息，如植被覆盖、动植物分布、河流水系、土地利用、生态敏感区等。

③进行影响识别与筛选评价因子。

④运用“3S”技术，分析影响性质、方式和程度。

⑤将影响因子图和底图叠加，得到生态影响评价图。

（3）生态机理分析法

生态机理分析法是根据建设项目的特点和受影响物种的生物学特征，依照生态学原理分析、预测建设项目生态影响的方法。生态机理分析法的工作步骤如下：

①调查环境背景现状，收集工程组成、建设、运行等有关资料。

②调查植物和动物分布，动物栖息地和迁徙、洄游路线。

③根据调查结果分别对植物或动物种群、群落和生态系统进行分析，描述其分布特点、结构特征和演化特征。

④识别有无珍稀濒危物种、特有种等需要特别保护的物种。

⑤预测项目建成后该地区动物、植物生长环境的变化。

⑥根据项目建成后的环境变化，对照无开发项目条件下动物、植物或生态系统演替或变化趋势，预测建设项目对个体、种群和群落的影响，并预测生态系统演替方向。评价过程中可根据实际情况进行相应的生物模拟试验，如环境条件、生物习性模拟试验、生物毒理学试验、实地种植或放养试验等；或进行数学模拟，如种群增长模型的应用。该方法需要与生物学、地理学、水文学、数学及其他多学科合作评价，才能得出较为客观的结果。

（4）指数法与综合指数法

指数法是利用同度量因素的相对值来表明因素变化状况的方法。指数法的难点在于需要建立表征生态环境质量的标准体系并进行赋权和准确定量。综合指数法是从确定同度量因素出发，把不能直接对比的事物变成能够同度量的方法。

1）单因子指数法

选定合适的评价标准，可进行生态因子现状或预测评价。例如，以同类型立地条件的森林植被覆盖率为标准，可评价项目建设区的植被覆盖现状情况；以评价区现状植被盖度为标准，可评价项目建成后植被盖度的变化率。

2）综合指数法

①分析各生态因子的性质及变化规律。

②建立表征各生态因子特性的指标体系。

③确定评价标准。

④建立评价函数曲线，将生态因子的现状值（开发建设活动前）与预测值（开发建设活动后）转换为统一的量纲为一的生态环境质量指标，用1～0表示优劣（“1”表示最佳的、顶级的、原始或人类干预甚少的生态状况，“0”表示最差的、极度破坏的、几乎无生物性的生态状况），计算开发建设活动前后各因子质量的变化值。

⑤根据各因子的相对重要性赋予权重。

⑥将各因子的变化值综合，提出综合影响评价值。

3）指数法应用

①可用于生态因子单因子质量评价。

②可用于生态多因子综合质量评价。

③可用于生态系统功能评价。

4）说明

建立评价函数曲线需要根据标准规定的指标值确定曲线的上、下限。对于大气、水环境等已有明确质量标准的因子，可直接采用不同级别的标准值作为上、下限；对于无明确标准的生态因子，可根据评价目的、评价要求和环境特点等选择相应的指标值，再确定上、下限。

（5）类比分析法

类比分析法是一种比较常用的定性和半定量评价方法，一般有生态整体类比、生态因子类比和生态问题类比等。

1）方法

根据已有的建设项目的生态影响，分析或预测拟建项目可能产生的影响。选择好类比对象（类比项目）是进行类比分析或预测评价的基础，也是该方法成功的关键。

类比对象的选择条件：工程性质、工艺和规模与拟建项目基本相当，生态因子（地理、地质、气候、生物因素等）相似，项目建成已有一定时间，所产生的影响已基本全部显现。

类比对象确定后，需选择和确定类比因子及指标，并对类比对象开展调查与评价，再分析拟建项目与类比对象的差异。根据类比对象与拟建项目的比较，作出类比分析结论。

2）应用

①进行生态影响识别（包括评价因子筛选）。

②以原始生态系统作为参照，可评价目标生态系统的质量。

③进行生态影响的定性分析与评价。

④进行某一个或几个生态因子的影响评价。

⑤预测生态问题的发生与发展趋势及其危害。

⑥确定环保目标和寻求最有效、可行的生态保护措施。

（6）系统分析法

系统分析法是指把要解决的问题作为一个系统，对系统要素进行综合分析，找出解决问题的可行方案的咨询方法。具体步骤包括限定问题、确定目标、调查研究、收集数据、提出备选方案和评价标准、备选方案评估和提出最可行方案。

系统分析法因其能妥善解决一些多目标动态性问题，已广泛应用于各行各业，尤其在进行区域开发或解决优化方案选择问题时，系统分析法显示出其他方法所不能达到的效果。

在生态系统质量评价中使用系统分析的具体方法有专家咨询法、层次分析法、模糊综合评判法、综合排序法、系统动力学、灰色关联等方法。

（7）生物多样性评价方法

生物多样性是生物（动物、植物、微生物）与环境形成的生态复合体，以及与此相关的各种生态过程的总和，包括生态系统、物种和基因3个层次。

生态系统多样性指生态系统的多样化程度，包括生态系统的类型、结构、组成、功能和生态过程的多样性等。物种多样性指物种水平的多样化程度，包括物种丰富度和物种多度。基因多样性（或遗传多样性）指一个物种的基因组成中遗传特征的多样性，包括种内不同种群之间或同一种群内不同个体的遗传变异性。

物种多样性常用的评价指标包括物种丰富度、香农-威纳多样性指数、Pielou 均匀度指数、Simpson 优势度指数等。

物种丰富度（species richness）：调查区域内物种种数之和。

香农-威纳多样性指数（Shannon-Wiener diversity index）计算公式见式（9-1）：

$$H = -\sum_{i=1}^{s} P_i \ln P_i \tag{9-1}$$

式中，H——香农-威纳多样性指数；

S——调查区域内物种种类总数；

P_i——调查区域内属于第 i 种的个体比例，如总个体数为 N，第 i 种个体数为 n_i，则 $P_i=n_i/N$。

Pielou 均匀度指数是反映调查区域各物种个体数目分配均匀程度的指数，计算公式见式（9-2）：

$$J = (-\sum_{i=1}^{s} P_i \ln P_i) / \ln S \quad (9\text{-}2)$$

式中，J——Pielou 均匀度指数；

S——调查区域内物种种类总数；

P_i——调查区域内属于第 i 种的个体比例。

Simpson 优势度指数与均匀度指数相对应，计算公式见式（9-3）：

$$D = 1 - \sum_{i=1}^{s} P_i^2 \quad (9\text{-}3)$$

式中，D——Simpson 优势度指数；

S——调查区域内物种种类总数；

P_i——调查区域内属于第 i 种的个体比例。

（8）生态系统评价方法

1）植被覆盖度

植被覆盖度可用于定量分析评价范围内的植被现状。

基于遥感估算植被覆盖度可根据区域特点和数据基础采用不同的方法，如植被指数法、回归模型、机器学习法等。

植被指数法主要是通过对各像元中植被类型及分布特征的分析，建立植被指数与植被覆盖度的转换关系。采用归一化植被指数（NDVI）估算植被覆盖度的方法见式（9-4）：

$$\text{FVC}=(\text{NDVI}-\text{NDVI}_s) / (\text{NDVI}_v-\text{NDVI}_s) \quad (9\text{-}4)$$

式中，FVC——所计算像元的植被覆盖度；

NDVI——所计算像元的 NDVI 值；

NDVI_v——纯植物像元的 NDVI 值；

NDVI_s——完全无植被覆盖像元的 NDVI 值。

2）生物量

生物量是指一定地段面积内某个时期生存着的活有机体的重量。不同生态系统的生物量测定方法不同，可采用实测与估算相结合的方法。

地上生物量估算可采用植被指数法、异速生长方程法等方法进行计算。基于植被指数的生物量统计法是通过实地测量的生物量数据和遥感植被指数建立统计模型，在遥感数据的基础上反演得到评价区域的生物量。

3）生产力

净初级生产力（NPP）可利用统计模型（如 Miami 模型）、过程模型（如 BIOME-BGC 模型、BEPS 模型）和光能利用率模型（如 CASA 模型）进行计算。根据区域植被特点和数据基础确定具体方法。

通过 CASA 模型计算净初级生产力的公式如下：

$$NPP(x,t)=APAR(x,t)\times\varepsilon(x,t) \tag{9-5}$$

式中，NPP——净初级生产力；

APAR——植被所吸收的光合有效辐射；

ε——光能转化率；

t——时间；

x——空间位置。

4）生物完整性指数

生物完整性指数（Index of Biotic Integrity，IBI）已被广泛应用于河流、湖泊、沼泽、海岸滩涂、水库等生态系统健康状况评价，指示生物类群也由最初的鱼类扩展到底栖动物、着生藻类、维管植物、两栖动物和鸟类等。

生物完整性指数评价的工作步骤如下：

①结合工程影响特点和所在区域水生态系统特征，选择指示物种。

②根据指示物种种群特征，在指标库中确定指示物种状况参数指标。

③选择参考点（未开发建设、未受干扰的点或受干扰极小的点）和干扰点（已开发建设、受干扰的点），采集参数指标数据，通过对参数指标值的分布范围分析、判别能力分析（敏感性分析）和相关关系分析，建立评价指标体系。

④确定每种参数指标值以及生物完整性指数的计算方法，分别计算参考点和干扰点的指数值。

⑤建立生物完整性指数的评分标准。

⑥评价项目建设前所在区域水生态系统状况，预测分析项目建设后水生态系统变化情况。

（9）景观生态学评价方法

景观生态学主要研究宏观尺度上景观类型的空间格局和生态过程的相互作用及其动态变化特征。景观格局是指大小和形状不一的景观斑块在空间上的排列，是各种生态过程在不同尺度上综合作用的结果。景观格局变化对生物多样性产生直接而强烈的影响，其主要原因是生境丧失和破碎化。

景观变化的分析方法主要有 3 种：定性描述法、景观生态图叠置法和景观动态的定量化分析法。目前较常用的方法是景观动态的定量化分析法，主要是对收集的景观数据进行解译或数字化处理，建立景观类型图，通过计算景观格局指数或建立动态模型对景观面积变化和景观类型转化等进行分析，揭示景观的空间配置以及格局动态变化趋势。

景观指数是能够反映景观格局特征的定量化指标，分为 3 个级别，代表 3 种不同的应用尺度，即斑块级别指数、斑块类型级别指数和景观级别指数，可根据需要选取相应的指标，采用 FRAGSTATS 等景观格局分析软件进行计算分析。涉及显著改变土地利用类型的矿山开采、大规模的农林业开发以及大中型水利水电建设项目等可采用该方法对景观格局的现状与变化进行评价，公路、铁路等线性工程造成的生境破碎化等累积生态影响也可采用该方法进行评价。

（10）生境评价方法

物种分布模型（species distribution models，SDMs）是基于物种分布信息和对应的环境变量数据对物种潜在分布区进行预测的模型，广泛应用于濒危物种保护、保护区规划、入侵物种控制及气候变化对生物分布区影响预测等领域。目前已发展了多种多样的预测模型，每种模型因其原理、算法不同而各有优势和局限，预测表现也存在差异。其中，基于最大熵理论建立的最大熵模型（maximum entropy model，MaxEnt），可以在分布点相对较少的情况下获得较好的预测结果，是目前使用频率最高的物种分布模型之一。基于 MaxEnt 模型开展生境评价的工作步骤如下：

①通过近年文献记录、现场调查收集物种分布点数据，并进行数据筛选；将分布点的经纬度数据在 Excel 表格中汇总，统一为十进制度的格式，保存用于 MaxEnt 模型计算；

②选取环境变量数据以表现栖息生境的生物气候特征、地形特征、植被特征和人为影响程度，在 ArcGIS 软件中将环境变量统一边界和坐标系，并重采样为同一分辨率；

③使用 MaxEnt 软件建立物种分布模型，以受试者工作特征曲线下面积（area under the receiving operator curve，AUC）评价模型优劣；采用刀切法（Jackknife test）检验各个环境变量的相对贡献。根据模型标准及图层栅格出现概率重分类，确定生境适宜性分级指数范围；

④将结果文件导入 ArcGIS，获得物种适宜生境分布图，叠加建设项目，分析对物种分布的影响。

9.5.4 生态现状调查内容

陆生生态现状调查内容主要包括：评价范围内的植物区系、植被类型，植物群落结构及演替规律，群落中的关键种、建群种、优势种；动物区系、物种组成及分布特征；生态系统的类型、面积及空间分布；重要物种的分布、生态学特征、种群现状，迁徙物种的主要迁徙路线、迁徙时间，重要生境的分布及现状。

水生生态现状调查内容主要包括：评价范围内的水生生物、水生生境和渔业现状；重要物种的分布、生态学特征、种群现状以及生境状况；鱼类等重要水生动物调查包括种类组成、种群结构、资源时空分布，产卵场、索饵场、越冬场等重要生境的分布、环境条件以及洄游路线、洄游时间等行为习性。

收集生态敏感区的相关规划资料、图件、数据，调查评价范围内生态敏感区主要保护对象、功能区划、保护要求等。

调查区域存在的主要生态问题，如水土流失、沙漠化、石漠化、盐渍化、生物入侵和污染危害等。调查已经存在的对生态保护目标产生不利影响的干扰因素。

对于改、扩建，分期实施的建设项目，调查既有工程、前期已实施工程的实际生态影响以及采取的生态保护措施。

9.5.5　生态现状调查要求

引用的生态现状资料的调查时间宜在 5 年内，用于回顾性评价或变化趋势分析的资料可不受调查时间限制。当已有调查资料不能满足评价要求时，应通过现场调查获取现状资料，现场调查遵循全面性、代表性和典型性原则。项目涉及生态敏感区时，应开展专题调查。

工程永久占用或施工临时占用区域应在收集资料基础上开展详细调查，查明占用区域是否分布有重要物种及重要生境。

陆生生态一级、二级评价应结合调查范围、调查对象、地形地貌和实际情况选择合适的调查方法。开展样线、样方调查的，应合理确定样线、样方的数量、长度或面积，涵盖评价范围内不同的植被类型及生境类型，山地区域还应结合海拔段、坡位、坡向进行布设。根据植物群落类型（宜以群系及以下分类单位为调查单元）设置调查样地，一级评价每种群落类型设置的样方数量不少于 5 个，二级评价不少于 3 个，调查时间宜选择植物生长旺盛季节；一级评价每种生境类型设置的野生动物调查样线数量不少于 5 条，二级评价不少于 3 条，除收集历史资料外，一级评价还应获得近 1～2 个完整年度不同季节的现状资料，二级评价尽量获得野生动物繁殖期、越冬期、迁徙期等关键活动期的现状资料。

水生生态一级、二级评价的调查点位、断面等应涵盖评价范围内的干流、支流、河口、湖库等不同水域类型。一级评价应至少开展丰水期、枯水期（河流、湖库）或春季、秋季（入海河口、海域）两期（季）调查，二级评价至少获得一期（季）调查资料，涉及显著改变水文情势的项目应增加调查强度。鱼类调查时间应包括主要繁殖期，水生生境调查内容应包括水域形态结构、水文情势、水体理化性状和底质等。

三级评价现状调查以收集有效资料为主，可开展必要的遥感调查或现场校核。

生态现状调查中还应充分考虑生物多样性保护的要求。涉海工程生态现状调查要求参照 GB/T 19485。

9.5.6 生态现状评价内容及要求

（1）一级、二级评价

一级、二级评价应根据现状调查结果选择以下全部或部分内容开展评价：

①根据植被和植物群落调查结果，编制植被类型图，统计评价范围内的植被类型及面积，可采用植被覆盖度等指标分析植被现状，图示植被覆盖度空间分布特点。

②根据土地利用调查结果，编制土地利用现状图，统计评价范围内的土地利用类型及面积。

③根据物种及生境调查结果，分析评价范围内的物种分布特点、重要物种的种群现状以及生境的质量、连通性、破碎化程度等，编制重要物种、重要生境分布图，迁徙、洄游物种的迁徙、洄游路线图；涉及国家重点保护野生动植物、极危、濒危物种的，可通过模型模拟物种适宜生境分布，图示工程与物种生境分布的空间关系。

④根据生态系统调查结果，编制生态系统类型分布图，统计评价范围内的生态系统类型及面积；结合区域生态问题调查结果，分析评价范围内的生态系统结构与功能状况以及总体变化趋势；涉及陆地生态系统的，可采用生物量、生产力、生态系统服务功能等指标开展评价；涉及河流、湖泊、湿地生态系统的，可采用生物完整性指数等指标开展评价。

⑤涉及生态敏感区的，分析其生态现状、保护现状和存在的问题；明确并图示生态敏感区及其主要保护对象、功能分区与工程的位置关系。

⑥可采用物种丰富度、香农-威纳多样性指数、Pielou 均匀度指数、Simpson 优势度指数等对评价范围内的物种多样性进行评价。

（2）三级评价

三级评价可采用定性描述或面积、比例等定量指标，重点对评价范围内的土地利用现状、植被现状、野生动植物现状等进行分析，编制土地利用现状图、植被类型图、生态保护目标分布图等图件。

（3）改扩建、分期实施的建设项目

对于改扩建、分期实施的建设项目，应对既有工程、前期已实施工程的实际生态影响、已采取的生态保护措施的有效性和存在的问题进行评价。

（4）海洋生态现状评价

海洋生态现状评价还应符合 GB/T 19485 的要求。

9.6　生态环境影响预测与评价

9.6.1　总体要求

生态环境影响预测与评价内容应与现状评价内容相对应，根据建设项目特点、区域生物多样性保护要求以及生态系统功能等选择评价预测指标。生态影响预测与评价尽量采用定量方法进行描述和分析。

9.6.2　生态环境影响预测与评价内容及要求

（1）一级、二级评价

一级、二级评价应根据现状评价内容选择以下全部或部分内容开展预测评价：

①采用图形叠置法分析工程占用的植被类型、面积及比例；通过引起地表沉陷或改变地表径流、地下水水位、土壤理化性质等方式对植被产生影响的，采用生态机理分析法、类比分析法等方法分析植物群落的物种组成、群落结构等变化情况。

②结合工程的影响方式预测分析重要物种的分布、种群数量、生境状况等变化情况；分析施工活动和运行产生的噪声、灯光等对重要物种的影响；涉及迁徙、洄游物种的，分析工程施工和运行对迁徙、洄游行为的阻隔影响；涉及国家重点保护野生动植物、极危、濒危物种的，可采用生境评价方法预测分析物种适宜生境的分布及面积变化、生境破碎化程度等，图示建设项目实施后的物种适宜生境分布情况。

③结合水文情势、水动力和冲淤、水质（包括水温）等影响预测结果，预测分析水生生境质量、连通性以及产卵场、索饵场、越冬场等重要生境的变化情况，图示建设项目实施后的重要水生生境分布情况；结合生境变化预测分析鱼类等重要水生生物的种类组成、种群结构、资源时空分布等变化情况。

④采用图形叠置法分析工程占用的生态系统类型、面积及比例；结合生物量、生产力、生态系统功能等变化情况预测分析建设项目对生态系统的影响。

⑤结合工程施工和运行引入外来物种的主要途径、物种生物学特性以及区域生态环境特点，参考《外来物种环境风险评估技术导则》（HJ 624—2011）分析建设项目实施可能导致外来物种造成生态危害的风险。

⑥结合物种、生境以及生态系统变化情况，分析建设项目对所在区域生物多样性的影响；分析建设项目通过时间或空间的累积作用方式产生的生态影响，如生境丧失、退化及破碎化、生态系统退化、生物多样性下降等。

⑦涉及生态敏感区的，结合主要保护对象开展预测评价；涉及以自然景观、自然遗

迹为主要保护对象的生态敏感区时，分析工程施工对景观、遗迹完整性的影响，结合工程建筑物、构筑物或其他设施的布局及设计，分析与景观、遗迹的协调性。

（2）三级评价

三级评价可采用图形叠置法、生态机理分析法、类比分析法等预测分析工程对土地利用、植被、野生动植物等的影响。

（3）不同行业评价重点

不同行业应结合项目规模、影响方式、影响对象等确定评价重点：

①矿产资源开发项目应对开采造成的植物群落及植被覆盖度变化、重要物种的活动、分布及重要生境变化以及生态系统结构和功能变化、生物多样性变化等开展重点预测与评价。

②水利水电项目应对河流、湖泊等水体天然状态改变引起的水生生境变化、鱼类等重要水生生物的分布及种类组成、种群结构变化，水库淹没、工程占地引起的植物群落、重要物种的活动、分布及重要生境变化，调水引起的生物入侵风险，以及生态系统结构和功能变化、生物多样性变化等开展重点预测与评价。

③公路、铁路、管线等线性工程应对植物群落及植被覆盖度变化、重要物种的活动、分布及重要生境变化、生境连通性及破碎化程度变化、生物多样性变化等开展重点预测与评价。

④农业、林业、渔业等建设项目应对土地利用类型或功能改变引起的重要物种的活动、分布及重要生境变化、生态系统结构和功能变化、生物多样性变化以及生物入侵风险等开展重点预测与评价。

⑤涉海工程海洋生态影响评价应符合 GB/T 19485 的要求，对重要物种的活动、分布及重要生境变化、海洋生物资源变化、生物入侵风险以及典型海洋生态系统的结构和功能变化、生物多样性变化等开展重点预测与评价。

9.7 生态保护对策措施

9.7.1 总体要求

应针对生态影响的对象、范围、时段、程度，提出避让、减缓、修复、补偿、管理、监测、科研等对策措施，分析措施的技术可行性、经济合理性、运行稳定性、生态保护和修复效果的可达性，选择技术先进、经济合理、便于实施、运行稳定、长期有效的措施，明确措施的内容、设施的规模及工艺、实施位置和时间、责任主体、实施保障、实施效果等，编制生态保护措施平面布置图、生态保护措施设计图，并估算（概算）生态保护投资。

优先采取避让方案，源头防止生态破坏，包括通过选址选线调整或局部方案优化避让生态敏感区，施工作业避让重要物种的繁殖期、越冬期、迁徙洄游期等关键活动期和特别保护期，取消或调整产生显著不利影响的工程内容和施工方式等。优先采用生态友好的工程建设技术、工艺及材料等。

坚持山水林田湖草沙一体化保护和系统治理的思路，提出生态保护对策措施。必要时开展专题研究和设计，确保生态保护措施有效。坚持尊重自然、顺应自然、保护自然的理念，采取自然的恢复措施或绿色修复工艺，避免生态保护措施自身的不利影响。不应采取违背自然规律的措施，切实保护生物多样性。

9.7.2　生态保护措施

项目施工前应对工程占用区域可利用的表土进行剥离，单独堆存，加强表土堆存防护及管理，确保有效回用。施工过程中，采取绿色施工工艺，减少地表开挖，合理设计高陡边坡支挡、加固措施，减少对脆弱生态的扰动。

项目建设造成地表植被破坏的，应提出生态修复措施，充分考虑自然生态条件，因地制宜，制定生态修复方案，优先使用原生表土和选用乡土物种，防止外来生物入侵，构建与周边生态环境相协调的植物群落，最终形成可自我维持的生态系统。生态修复的目标主要包括：恢复植被和土壤，保证一定的植被覆盖度和土壤肥力；维持物种种类和组成，保护生物多样性；实现生物群落的恢复，提高生态系统的生产力和自我维持力；维持生境的连通性等。生态修复应综合考虑物理（非生物）方法、生物方法和管理措施，结合项目施工工期、扰动范围，有条件的可提出“边施工、边修复”的措施要求。

尽量减少对动植物的伤害和生境占用。项目建设对重点保护野生植物、特有植物、古树名木等造成不利影响的，应提出优化工程布置或设计、就地或迁地保护、加强观测等措施，具备移栽条件、长势较好的尽量全部移栽。项目建设对重点保护野生动物、特有动物及其生境造成不利影响的，应提出优化工程施工方案、运行方式，实施物种救护，划定生境保护区域，开展生境保护和修复，构建活动廊道或建设食源地等措施。采取增殖放流、人工繁育等措施恢复受损的重要生物资源。项目建设产生阻隔影响的，应提出减缓阻隔、恢复生境连通的措施，如野生动物通道、过鱼设施等。项目建设和运行噪声、灯光等对动物造成不利影响的，应提出优化工程施工方案、设计方案或降噪遮光等防护措施。

矿山开采项目还应采取保护性开采技术或其他措施控制沉陷深度和保护地下水的生态功能。水利水电项目还应结合工程实施前后的水文情势变化情况、已批复的所在河流生态流量（水量）管理与调度方案等相关要求，确定合适的生态流量，具备调蓄能力且有生态需求的，应提出生态调度方案。涉及河流、湖泊或海域治理的，应尽量塑造近自然水域形态、底质、亲水岸线，尽量避免采取完全硬化的措施。

9.7.3 生态监测和环境管理

结合项目规模、生态影响特点及所在区域的生态敏感性，针对性地提出全生命周期、长期跟踪或常规的生态监测计划，提出必要的科技支撑方案。大中型水利水电项目、采掘类项目、新建 100 km 以上的高速公路及铁路项目、大型海上机场项目等应开展全生命周期生态监测；新建 50～100 km 的高速公路及铁路项目、新建码头项目、高等级航道项目、围填海项目以及占用或穿（跨）越生态敏感区的其他项目应开展长期跟踪生态监测（施工期并延续至正式投运后 5～10 年），其他项目可根据情况开展常规生态监测。

生态监测计划应明确监测因子、方法、频次、点位等。开展全生命周期和长期跟踪生态监测的项目，其监测点位以代表性为原则，在生态敏感区可适当增加调查密度、频次。

施工期重点监测施工活动干扰下生态保护目标的受影响状况，如植物群落变化、重要物种的活动、分布变化、生境质量变化等，运行期重点监测对生态保护目标的实际影响、生态保护对策措施的有效性以及生态修复效果等。有条件或有必要的，可开展生物多样性监测。

明确施工期和运行期环境管理原则与技术要求。可提出开展施工期工程环境监理、环境影响后评价等环境管理和技术要求。

习　题

1. 名词解释

（1）生态影响；（2）重要物种；（3）生态敏感区；（4）生态保护目标。

2. 根据《环境影响评价技术导则　生态环境》，生态环境影响评价的基本任务和基本要求是什么？

3. 根据《环境影响评价技术导则　生态环境》，如何开展生态影响识别工作？

4. 根据《环境影响评价技术导则　生态环境》，生态环境影响评价工作的评价等级的确定依据是什么？

5. 根据《环境影响评价技术导则　生态环境》，如何确定生态环境影响的评价范围？

6. 根据《环境影响评价技术导则　生态环境》，生态现状调查内容和调查要求有哪些？

7. 根据《环境影响评价技术导则　生态环境》，生态机理分析法的工作步骤是什么？

8. 根据《环境影响评价技术导则　生态环境》，生物完整性指数评价的工作步骤是什么？

9. 根据《环境影响评价技术导则　生态环境》，生态影响预测与评价内容及要求有哪些？

10. 根据《环境影响评价技术导则　生态环境》，生态保护对策措施的总体要求是什么？

第 10 章

环境风险评价

10.1 环境风险基础知识

10.1.1 环境风险

指突发性事故对环境造成的危害程度及可能性。

10.1.2 环境风险潜势

指对建设项目潜在环境危害程度的概化分析表达，是基于建设项目涉及的物质和工艺系统危险性及其所在地环境敏感程度的综合表征。

10.1.3 风险源

指存在物质或能量意外释放，并可能产生环境危害的源。

10.1.4 危险物质

具有易燃易爆、有毒有害等特性，会对环境造成危害的物质。

10.1.5 危险单元

指由一个或多个风险源构成的具有相对独立功能的单元，事故状况下应可实现与其他功能单元的分割。

10.1.6 最大可信事故

是基于经验统计分析，在一定可能性区间内发生的事故中，造成环境危害最严重的事故。

10.1.7　大气毒性终点浓度

指人员短期暴露可能会导致出现健康影响或死亡的大气污染物浓度，用于判断周边环境风险影响程度。

10.2　环境风险评价工作程序

环境风险评价应以突发性事故导致的危险物质环境急性损害防控为目标，对建设项目的环境风险进行分析、预测和评估，提出环境风险预防、控制、减缓措施，明确环境风险监控及应急建议要求，为建设项目环境风险防控提供科学依据。环境风险评价工作程序如图 10-1 所示。

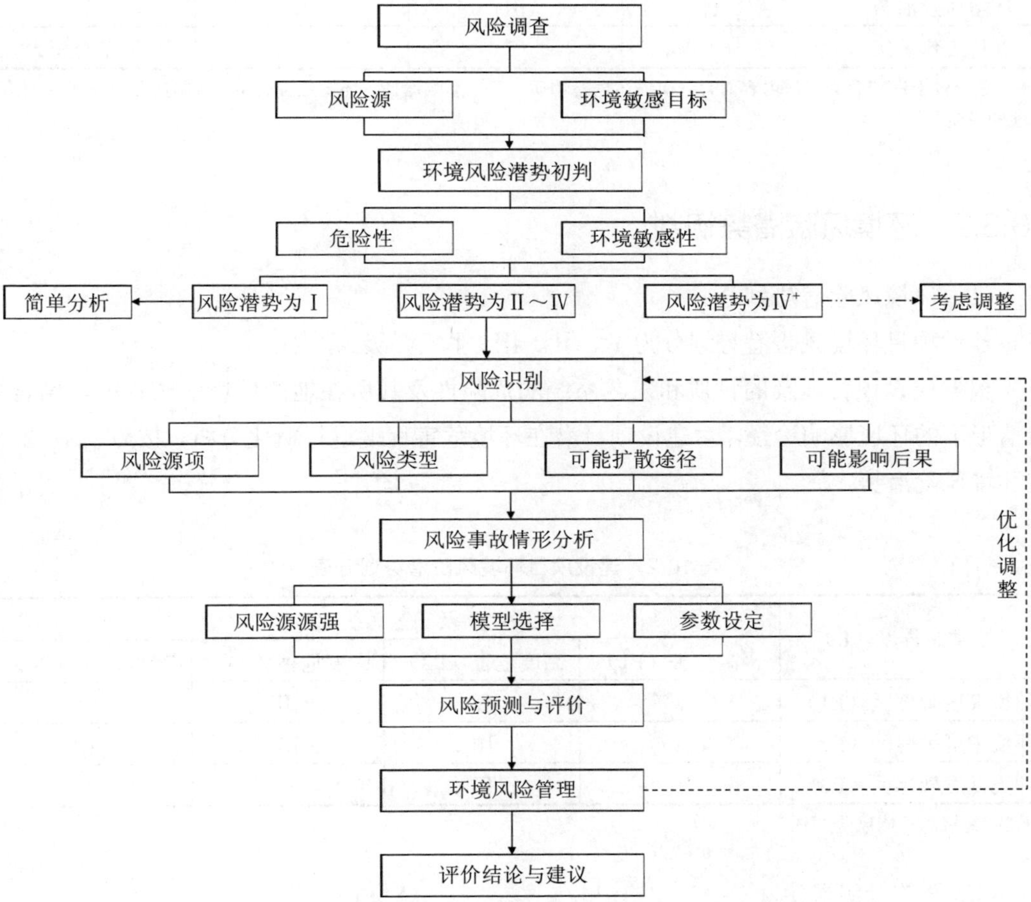

图 10-1　环境风险评价工作程序

10.3 环境风险评价工作分级

10.3.1 环境风险评价工作等级划分

环境风险评价工作等级划分为一级、二级、三级。根据建设项目涉及的物质及工艺系统危险性和所在地的环境敏感性确定环境风险潜势，按照表 10-1 确定评价工作等级。风险潜势为Ⅳ及以上，进行一级评价；风险潜势为Ⅲ，进行二级评价；风险潜势为Ⅱ，进行三级评价；风险潜势为Ⅰ，可开展简单分析。

表 10-1 评价工作等级划分表

环境风险潜势	Ⅳ、Ⅳ$^+$	Ⅲ	Ⅱ	Ⅰ
评价工作等级	一	二	三	简单分析[a]

注：a 是相较于详细评价工作内容而言，在描述危险物质、环境影响途径、环境危害后果、风险防范措施等方面给出定性的说明。

10.3.2 环境风险潜势初判

（1）环境风险潜势划分

建设项目环境风险潜势划分为Ⅰ、Ⅱ、Ⅲ、Ⅳ/Ⅳ$^+$级。

根据建设项目涉及的物质和工艺系统的危险性及其所在地的环境敏感程度，结合事故情形下的环境影响途径，对建设项目潜在环境危害程度进行概化分析，按照表 10-2 确定环境风险潜势。

表 10-2 建设项目环境风险潜势划分表

环境敏感程度（E）	危险物质及工艺系统危险性（P）			
	极高危害（P1）	高度危害（P2）	中度危害（P3）	轻度危害（P4）
环境高度敏感区（E1）	Ⅳ$^+$	Ⅳ	Ⅲ	Ⅲ
环境中度敏感区（E2）	Ⅳ	Ⅲ	Ⅲ	Ⅱ
环境低度敏感区（E3）	Ⅲ	Ⅲ	Ⅱ	Ⅰ

注：Ⅳ$^+$为极高环境风险。

（2）P 的分级确定

分析建设项目生产、使用、储存过程中涉及的有毒有害、易燃易爆物质，参见《建设项目环境风险评价技术导则》（HJ 169—2018）确定危险物质的临界量。定量分析危险物质数量与临界量的比值（Q）和所属行业及生产工艺特点（M），按 HJ 169—2018 对危险物质及工艺系统危险性（P）等级进行判断。

（3）E 的分级确定

分析危险物质在事故情形下的环境影响途径，如大气、地表水、地下水等，按照 HJ 169—2018 对建设项目各要素环境敏感程度（E）等级进行判断。

（4）建设项目环境风险潜势判断

建设项目环境风险潜势综合等级取各要素等级的相对高值。

10.3.3　环境风险评价工作内容

环境风险评价基本内容包括风险调查、环境风险潜势初判、风险识别、风险事故情形分析、风险预测与评价、环境风险管理等。

1）基于风险调查，分析建设项目物质及工艺系统危险性和环境敏感性，进行风险潜势的判断，确定风险评价等级。

2）风险识别及风险事故情形分析应明确危险物质在生产系统中的主要分布，筛选具有代表性的风险事故情形，合理设定事故源项。

3）各环境要素按确定的评价工作等级分别开展预测评价，分析说明环境风险危害范围与程度，提出环境风险防范的基本要求。

①大气环境风险预测。一级评价需选取最不利气象条件和事故发生地的最常见气象条件，选择适用的数值方法进行分析预测，给出风险事故情形下危险物质释放可能造成的大气环境影响范围与程度。对于存在极高大气环境风险的项目，应进一步开展关心点概率分析。二级评价需选取最不利气象条件，选择适用的数值方法进行分析预测，给出风险事故情形下危险物质释放可能造成的大气环境影响范围与程度。三级评价应定性分析说明大气环境影响后果。

②地表水环境风险预测。一级、二级评价应选择适用的数值方法预测地表水环境风险，给出风险事故情形下可能造成的影响范围与程度；三级评价应定性分析说明地表水环境影响后果。

③地下水环境风险预测。一级评价应优先选择适用的数值方法预测地下水环境风险，给出风险事故情形下可能造成的影响范围与程度；低于一级评价的，风险预测分析与评价要求参照《环境影响评价技术导则　地下水环境》（HJ 610）执行。

4）提出环境风险管理对策，明确环境风险防范措施及突发环境事件应急预案编制要求。

5）综合环境风险评价过程，给出评价结论与建议。

10.3.4 环境风险评价范围

环境风险评价范围应根据环境敏感目标分布情况、事故后果预测可能对环境产生危害的范围等综合确定。项目周边所在区域，评价范围外存在需要特别关注的环境敏感目标，评价范围需延伸至所关心的目标。

大气环境风险评价范围：一级、二级评价距建设项目边界一般不低于 5 km；三级评价距建设项目边界一般不低于 3 km。油气、化学品输送管线项目一级、二级评价距管道中心线两侧一般均不低于 200 m；三级评价距管道中心线两侧一般均不低于 100 m。当大气毒性终点浓度预测到达距离超出评价范围时，应根据预测到达距离进一步调整评价范围。

地表水环境风险评价范围参照《环境影响评价技术导则　地表水环境》（HJ 2.3—2018）确定。

地下水环境风险评价范围参照《环境影响评价技术导则　地下水环境》（HJ 610—2016）确定。

10.4 环境风险识别

10.4.1 风险识别内容

1）物质危险性识别，包括主要原辅材料、燃料、中间产品、副产品、最终产品、污染物、火灾和爆炸伴生/次生物等。

2）生产系统危险性识别，包括主要生产装置、储运设施、公用工程和辅助生产设施，以及环境保护设施等。

3）危险物质向环境转移的途径识别，包括分析危险物质特性及可能的环境风险类型，识别危险物质影响环境的途径，分析可能影响的环境敏感目标。

10.4.2 风险识别方法

（1）资料收集和准备

根据危险物质泄漏、火灾、爆炸等突发性事故可能造成的环境风险类型，收集和准备建设项目工程资料、周边环境资料，国内外同行业、同类型事故统计分析及典型事故案例资料。对已建工程应收集环境管理制度，操作和维护手册，突发环境事件应急预案，应急培训、演练记录，历史突发环境事件及生产安全事故调查资料，设备失效统计数据等。

（2）物质危险性识别

按 HJ 169—2018 识别出的危险物质，以图表的方式给出其易燃易爆、有毒有害危险特性，明确危险物质的分布。

（3）生产系统危险性识别

①按工艺流程和平面布置功能区划，结合物质危险性识别，以图表的方式给出危险单元划分结果及单元内危险物质的最大存在量。按生产工艺流程分析危险单元内潜在的风险源。

②按危险单元分析风险源的危险性、存在条件和转化为事故的触发因素。

③采用定性或定量分析方法筛选确定重点风险源。

（4）环境风险类型及危害分析

环境风险类型包括危险物质泄漏，以及火灾、爆炸等引发的伴生/次生污染物排放。根据物质及生产系统危险性识别结果，分析环境风险类型、危险物质向环境转移的可能途径和影响方式。

10.5　风险事故情形分析

10.5.1　风险事故情形设定

风险事故情形设定内容：在风险识别的基础上，选择对环境影响较大并具有代表性的事故类型，设定风险事故情形。风险事故情形设定内容应包括环境风险类型、风险源、危险单元、危险物质和影响途径等。

风险事故情形设定原则：

1）同一种危险物质可能有多种环境风险类型。风险事故情形应包括危险物质泄漏，以及火灾、爆炸等引发的伴生/次生污染物排放情形。对不同环境要素产生影响的风险事故情形，应分别进行设定。

2）对于火灾、爆炸事故，须将事故中未完全燃烧的危险物质在高温下迅速挥发释放至大气，以及燃烧过程中产生的伴生/次生污染物对环境的影响作为风险事故情形设定的内容。

3）设定的风险事故情形发生可能性应处于合理的区间，并与经济技术发展水平相适应。一般而言，发生频率小于 10^{-6}/年的事件是极小概率事件，可作为代表性事故情形中最大可信事故设定的参考。

4）风险事故情形设定的不确定性与筛选。由于事故触发因素具有不确定性，因此事故情形的设定并不能包含全部可能的环境风险，但通过具有代表性的事故情形分析可为风险管理提供科学依据。事故情形的设定应在环境风险识别的基础上筛选，设定的事故情形应具有危险物质、环境危害、影响途径等方面的代表性。

10.5.2 源项分析

源项分析应基于风险事故情形的设定，合理估算源强。泄漏频率可参考 HJ 169—2018 的推荐方法确定，也可采用事故树、事件树分析法或类比法等确定。

事故源强是为事故后果预测提供分析模拟情形。事故源强设定可采用计算法和经验估算法。计算法适用于以腐蚀或应力作用等引起的泄漏型为主的事故；经验估算法适用于以火灾、爆炸等突发性事故伴生/次生的污染物释放事故。

（1）物质泄漏量的计算

液体、气体和两相流泄漏速率的计算参见 HJ 169—2018 推荐的方法。

泄漏时间应结合建设项目探测和隔离系统的设计原则确定。一般情况下，设置紧急隔离系统的单元，泄漏时间可设定为 10 min；未设置紧急隔离系统的单元，泄漏时间可设定为 30 min。

泄漏液体的蒸发速率计算可采用 HJ 169—2018 推荐的方法。蒸发时间应结合物质特性、气象条件、工况等综合考虑，一般情况下，可按 15～30 min 计；泄漏物质形成的液池面积以不超过泄漏单元的围堰（或堤）内面积计。

（2）经验法估算物质释放量

火灾、爆炸事故在高温下迅速挥发释放至大气的未完全燃烧危险物质，以及在燃烧过程中产生的伴生/次生污染物，可参照 HJ 169—2018 采用经验法估算释放量。

（3）其他估算方法

①装卸事故，泄漏量按装卸物质流速和管径及失控时间计算，失控时间一般可按 5～30 min 计。

②油气长输管线泄漏事故，按管道截面 100%断裂估算泄漏量，应考虑截断阀启动前、后的泄漏量。截断阀启动前，泄漏量按实际工况确定；截断阀启动后，泄漏量以管道泄压至与环境压力平衡所需要时间计。

③水体污染事故源强应结合污染物释放量、消防用水量及雨水量等因素综合确定。

（4）源强参数确定

根据风险事故情形确定事故源参数（如泄漏点高度、温度、压力、泄漏液体蒸发面积等）、释放/泄漏速率、释放/泄漏时间、释放/泄漏量、泄漏液体蒸发量等，给出源强汇总。

10.6　环境风险预测与评价

10.6.1　风险预测

（1）有毒有害物质在大气中的扩散

1）预测模型筛选

①预测计算时，应区分重质气体与轻质气体排放选择合适的大气风险预测模型。其中，重质气体和轻质气体的判断依据可采用 HJ 169—2018 推荐的理查德森数进行判定。

②采用 HJ 169—2018 中的推荐模型进行气体扩散后果预测，模型选择应结合模型的适用范围、参数要求等说明模型选择的依据。

③选用推荐模型以外的其他技术成熟的大气风险预测模型时，需说明模型选择理由及适用性。

2）预测范围与计算点

①预测范围即预测物质浓度达到评价标准时的最大影响范围，通常由预测模型计算获取。预测范围一般不超过 10 km。

②计算点分特殊计算点和一般计算点。特殊计算点指大气环境敏感目标等关心点，一般计算点指下风向不同距离点。一般计算点的设置应具有一定分辨率，距离风险源 500 m 范围内可设置 10～50 m 间距，大于 500 m 范围内可设置 50～100 m 间距。

3）事故源参数

根据大气风险预测模型的需要，调查泄漏设备类型、尺寸、操作参数（压力、温度等）、泄漏物质理化特性（摩尔质量、沸点、临界温度、临界压力、比热容比、气体定压比热容、液体定压比热容、液体密度、汽化热等）。

4）气象参数

①一级评价，需选取最不利气象条件及事故发生地的最常见气象条件分别进行后果预测。其中，最不利气象条件取 F 类稳定度，1.5 m/s 风速，温度 25℃，相对湿度 50%；最常见气象条件由当地近 3 年内的至少连续 1 年气象观测资料统计分析得出，包括出现频率最高的稳定度、该稳定度下的平均风速（非静风）、日最高平均气温、年平均湿度。

②二级评价，需选取最不利气象条件进行后果预测。最不利气象条件取 F 类稳定度，1.5 m/s 风速，温度 25℃，相对湿度 50%。

5）大气毒性终点浓度值选取

大气毒性终点浓度即预测评价标准。大气毒性终点浓度值选取参见 HJ 169—2018，分为 1 级、2 级。其中，1 级为当大气中危险物质浓度低于该限值时，绝大多数人员暴露

1 h 不会对生命造成威胁，当超过该限值时，有可能对人群造成生命威胁；2 级为当大气中危险物质浓度低于该限值时，暴露 1 h 一般不会对人体造成不可逆的伤害，或出现的症状一般不会损伤该个体采取有效防护措施的能力。

6）预测结果表述

①给出下风向不同距离处有毒有害物质的最大浓度，以及预测浓度达到不同毒性终点浓度的最大影响范围。

②给出各关心点的有毒有害物质浓度随时间变化情况，以及关心点的预测浓度超过评价标准时对应的时刻和持续时间。

③对于存在极高大气环境风险的建设项目，应开展关心点概率分析，即有毒有害气体（物质）剂量负荷对个体的大气伤害概率、关心点处气象条件的频率、事故发生概率的乘积，以反映关心点处人员在无防护措施条件下受到伤害的可能性。有毒有害气体大气伤害概率估算参见 HJ 169—2018。

（2）有毒有害物质在地表水、地下水环境中的运移扩散

有毒有害物质进入水环境包括事故直接导致和事故处理处置过程间接导致的情况，一般为瞬时排放源和有限时段内排放的源。

1）预测模型

①地表水。根据风险识别结果，有毒有害物质进入水体的方式、水体类别及特征，以及有毒有害物质的溶解性，选择适用的预测模型。

a）对于油品类泄漏事故，流场计算按 HJ 2.3—2018 中的相关要求，选取适用的预测模型，溢油漂移扩散过程按 GB/T 19485 中的溢油粒子模型进行溢油轨迹预测。

b）其他事故，地表水风险预测模型及参数参照 HJ 2.3—2018。

②地下水。地下水风险预测模型及参数参照 HJ 610—2016。

2）终点浓度值选取

终点浓度即预测评价标准。终点浓度值根据水体分类及预测点水体功能要求，按照《地表水环境质量标准》（GB 3838—2002）、《生活饮用水卫生标准》（GB 5749—2022）、《海水水质标准》（GB 3097—1997）或《地下水质量标准》（GB/T 14848）选取。对于未列入上述标准，但确需进行分析预测的物质，其终点浓度值选取可参照 HJ 2.3—2018、HJ 610—2016。

对于难以获取终点浓度值的物质，可按质点运移到达判定。

3）预测结果表述

①地表水。根据风险事故情形对水环境的影响特点，预测结果可采用以下表述方式：

a）给出有毒有害物质进入地表水体最远超标距离及时间。

b）给出有毒有害物质经排放通道到达下游（按水流方向）环境敏感目标处的到达时

间、超标时间、超标持续时间及最大浓度，对于在水体中漂移类物质，应给出漂移轨迹。

②地下水。给出有毒有害物质进入地下水体到达下游厂区边界和环境敏感目标处的到达时间、超标时间、超标持续时间及最大浓度。

10.6.2　环境风险评价

结合各要素风险预测，分析说明建设项目环境风险的危害范围与程度。大气环境风险的影响范围和程度由大气毒性终点浓度确定，明确影响范围内的人口分布情况；地表水、地下水对照功能区质量标准浓度（或参考浓度）进行分析，明确对下游环境敏感目标的影响情况。环境风险可采用后果分析、概率分析等方法开展定性或定量评价，以避免急性损害为重点，确定环境风险防范的基本要求。

10.7　环境风险管理

10.7.1　环境风险管理目标

环境风险管理目标是采用最低合理可行原则（as low as reasonable practicable，ALARP）管控环境风险。采取的环境风险防范措施应与社会经济技术发展水平相适应，运用科学的技术手段和管理方法，对环境风险进行有效的预防、监控、响应。

10.7.2　环境风险防范措施

1）大气环境风险防范应结合风险源状况明确环境风险的防范、减缓措施，提出环境风险监控要求，并结合环境风险预测分析结果、区域交通道路和安置场所位置等，提出事故状态下人员的疏散通道及安置等应急建议。

2）事故废水环境风险防范应明确“单元—厂区—园区/区域”的环境风险防控体系要求，设置事故废水收集（尽可能以非动力自流方式）和应急储存设施，以满足事故状态下收集泄漏物料、污染消防水和污染雨水的需要，明确并图示防止事故废水进入外环境的控制、封堵系统。应急储存设施应根据发生事故的设备容量、事故时消防用水量及可能进入应急储存设施的雨水量等因素综合确定。应急储存设施内的事故废水，应及时进行有效处置，做到回用或达标排放。结合环境风险预测分析结果，提出实施监控和启动相应的园区/区域突发环境事件应急预案的建议要求。

3）地下水环境风险防范应重点采取源头控制和分区防渗措施，加强地下水环境的监控、预警，提出事故应急减缓措施。

4）针对主要风险源，提出设立风险监控及应急监测系统，实现事故预警和快速应急监测、跟踪，提出应急物资、人员等的管理要求。

5）对于改建、扩建和技术改造项目，应分析依托企业现有环境风险防范措施的有效性，提出完善意见和建议。

6）环境风险防范措施应纳入环保投资和建设项目竣工环境保护验收内容。

7）考虑事故触发具有不确定性，厂内环境风险防控系统应纳入园区/区域环境风险防控体系，明确风险防控设施、管理的衔接要求。极端事故风险防控及应急处置应结合所在园区/区域环境风险防控体系统筹考虑，按分级响应要求及时启动园区/区域环境风险防范措施，实现厂内与园区/区域环境风险防控设施及管理有效联动，有效防控环境风险。

10.7.3 突发环境事件应急预案编制要求

1）按照国家、地方和相关部门要求，提出企业突发环境事件应急预案编制或完善的原则要求，包括预案适用范围、环境事件分类与分级、组织机构与职责、监控和预警、应急响应、应急保障、善后处置、预案管理与演练等内容。

2）明确企业、园区/区域、地方政府环境风险应急体系。企业突发环境事件应急预案应体现分级响应、区域联动的原则，与地方政府突发环境事件应急预案相衔接，明确分级响应程序。

习 题

1. 名词解释

（1）环境风险；（2）建设项目的环境风险评价；（3）最大可信事故；（4）重大危险源；（5）环境风险潜势。

2. 简述环境风险影响评价的工作程序。

3. 环境风险评价工作等级划分的依据是什么？

4. 如何判定物质的危险性？

5. 简述环境风险评价的基本内容。

6. 简述环境风险评价范围。

7. 某项目生产过程中只涉及一种危险物质。该物质为混合物，生产过程中的最大存在总量为 3 t，其各组分含量及临界量见下表，求该物质的总量与其临界量比值 Q。

序号	物质名称	含量/%
1	1,1-二氟乙烷	10
2	1,1-二氟乙烯	20

序号	物质名称	含量/%
3	1,1-二甲基肼	15
4	1,1-二氯乙烯	10
5	1,2,3-三氯代苯	5
6	1,2,4,5-四氯代苯	15
7	1,2,4-三氯代苯	25

第 11 章

规划环境影响评价

11.1 规划与规划环境影响评价基础知识

11.1.1 规划

（1）规划的概念

个人或组织制订比较全面长远的发展计划，是对未来整体性、长期性、基本性问题的思考和考量，设计未来整套行动的方案。

（2）规划的编制单位

国务院有关部门、设区的市级以上地方人民政府及其有关部门。

（3）规划的类型

综合性规划：土地利用的有关规划，区域、流域、海域的建设、开发利用规划（一地三域）。编制单位一般为国务院和设区的市级以上地方人民政府。

专项规划：工业、农业、畜牧业、林业、能源、水利、交通、城市建设、旅游、自然资源开发的有关专项规划。编制单位一般为有关政府部门。

11.1.2 规划环境影响评价

（1）规划环境影响评价的概念

国务院有关部门、设区的市级以上地方人民政府及其有关部门，对其组织编制的土地利用的有关规划，区域、流域、海域的建设、开发利用规划，应当在规划编制过程中组织进行环境影响评价，编写该规划有关环境影响的篇章或者说明。

篇章是作为规划的一个单独篇节，而说明是附在规划后的单独文件。有导则要求的情况下，需要完成独立的说明书。

（2）规划环境影响评价的依据

评价规划环境影响和编写报告的依据为《规划环境影响评价技术导则　总纲》（HJ 130—2019）。该导则适用于各类综合性规划、专项规划的环境影响评价。

（3）规划环境影响评价的目的

以改善环境质量和保障生态安全为目标，论证规划方案的生态环境合理性和环境效益，提出规划优化调整建议；明确不良生态环境影响的减缓措施，提出生态环境保护建议和管控要求，为规划决策和规划实施过程中的生态环境管理提供依据。

（4）规划环境影响评价的原则

1）早期介入、过程互动

评价应在规划编制的早期阶段介入，在规划前期研究和方案编制、论证、审定等关键环节和过程中充分互动，不断优化规划方案，提高环境合理性。

2）统筹衔接、分类指导

评价工作应突出不同类型、不同层级规划及其环境影响特点，充分衔接“三线一单”成果，分类指导规划所包含建设项目的布局和生态环境准入。

3）客观评价、结论科学

依据现有知识水平和技术条件对规划实施可能产生的不良环境影响的范围和程度进行客观分析，评价方法应成熟可靠，数据资料应完整可信，结论建议应具体明确且具有可操作性。

11.2　规划环境影响评价工作程序

11.2.1　规划环境影响评价与规划的协同关系

规划环境影响评价工作跟随规划工作展开，在规划的前期阶段、方案编制阶段和审定阶段与规划协同完成以下工作：

（1）规划前期阶段

同步开展规划环境影响评价工作。通过对规划内容的分析，收集与规划相关的法律法规、环境政策等，收集上层位规划和规划所在区域战略环评及“三线一单”成果，对规划区域及可能受影响的区域进行现场踏勘，收集相关基础数据资料，初步调查环境敏感区情况，识别规划实施的主要环境影响，分析提出规划实施的资源、生态、环境制约因素，反馈给规划编制机关。

（2）规划方案编制阶段

完成现状调查与评价，提出环境影响评价指标体系，分析、预测评价拟定规划方案实施的资源、生态、环境影响，并将评价结果和结论反馈给规划编制机关，作为方案比选和优化的参考和依据。

（3）规划审定阶段

①进一步论证拟推荐的规划方案的环境合理性，形成必要的优化调整建议，反馈给规划编制机关。针对推荐的规划方案提出不良环境影响减缓措施和环境影响跟踪评价计划，编制环境影响报告书。

②如果拟选定的规划方案在资源、生态、环境方面难以承载，或者可能造成重大不良生态环境影响且无法提出切实可行的预防或减缓对策和措施，或者根据现有的数据资料和专家知识对可能产生的不良生态环境影响的程度、范围等无法作出科学判断，应向规划编制机关提出对规划方案作出重大修改的建议并说明理由。

③规划环境影响报告书审查会后，应根据审查小组提出的修改意见和审查意见对报告书进行修改完善。

④在规划报送审批前，应将环境影响评价文件及其审查意见正式提交给规划编制机关。

11.2.2 规划环境影响评价技术流程

规划环境影响评价技术流程见图 11-1。

11.2.3 规划环境影响评价的审批方式

规划有关环境影响的篇章或者说明，作为规划草案的组成部分一并报送规划审批机关。

未编写有关环境影响的篇章或者说明的规划草案，审批机关不予审批。

11.3 规划环境影响评价的内容

11.3.1 规划分析

规划分析包括规划概述和规划协调性分析。规划概述应明确可能对生态环境造成影响的内容；规划协调性分析应明确规划与相关法律、法规、政策的相符性，以及规划在空间布局、资源保护与利用、生态环境保护等方面的冲突和矛盾。

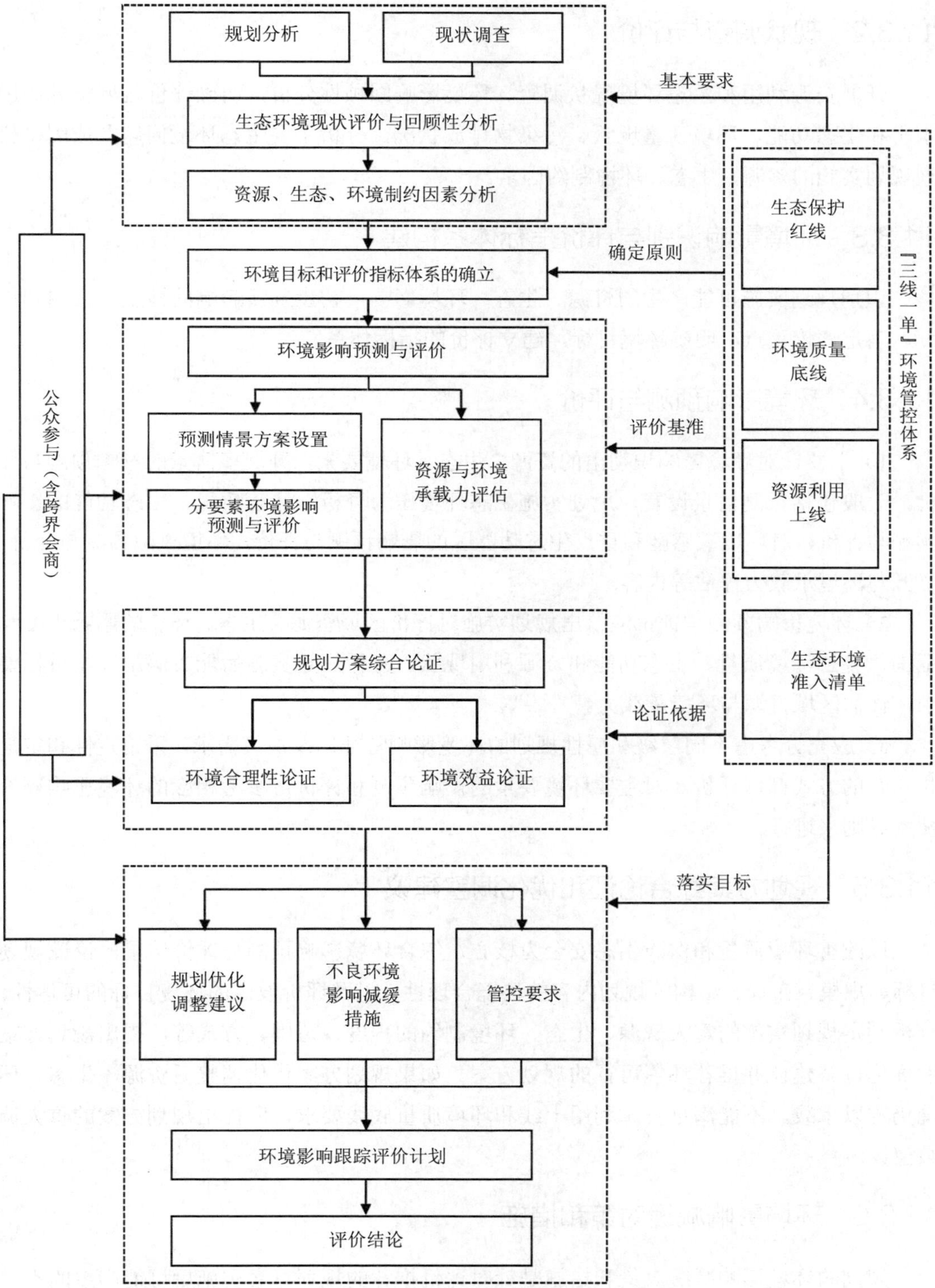

图 11-1 规划环境影响评价技术流程

11.3.2 现状调查与评价

开展资源利用和生态环境现状调查、环境影响回顾性分析，明确评价区域资源利用水平和生态功能、环境质量现状、污染物排放状况，分析主要生态环境问题及成因，梳理规划实施的资源、生态、环境制约因素。

11.3.3 环境影响识别与评价指标体系构建

识别规划实施可能产生的资源、生态、环境影响，初步判断影响的性质、范围和程度，确定评价重点，明确环境目标，建立评价的指标体系。

11.3.4 环境影响预测与评价

1）主要针对环境影响识别出的资源、生态、环境要素，开展多情景的影响预测与评价，一般包括预测情景设置、规划实施生态环境压力分析，环境质量、生态功能的影响预测与评价，对环境敏感区和重点生态功能区的影响预测与评价，环境风险预测与评价，资源与环境承载力评估等内容。

2）环境影响预测与评价应给出规划实施对评价区域资源、生态、环境的影响程度和范围，叠加环境质量、生态功能和资源利用现状，分析规划实施后能否满足环境目标要求，评估区域资源与环境承载力。

3）应充分考虑不同层级和属性规划的环境影响特征以及决策需求，采用定性和定量相结合的方式开展评价。对主要环境要素的影响预测和评价可参考相应的环境影响评价技术导则来进行。

11.3.5 规划方案综合论证和优化调整建议

以改善环境质量和保障生态安全为核心，综合环境影响预测与评价结果，论证规划目标、规模、布局、结构等规划内容的环境合理性，以及评价设定的环境目标的可达性，分析判定规划实施的重大资源、生态、环境制约的程度、范围、方式等，提出规划方案的优化调整建议并推荐环境可行的规划方案。如果规划方案优化调整后资源、生态、环境仍难以承载，不能满足资源利用上线和环境质量底线要求，应提出规划方案的重大调整建议。

11.3.6 环境影响减缓对策和措施

规划的环境影响减缓对策和措施是针对评价推荐的规划方案实施后可能产生的不良环境影响，在充分评估规划方案中已明确的环境污染防治、生态保护、资源能源增效等相关措施的基础上，提出的环境保护方案和管控要求。

11.3.7 规划所包含建设项目的环评要求

如规划方案中包含具体的建设项目，应针对建设项目所属行业特点及其环境影响特征，提出建设项目环境影响评价的重点内容和基本要求，并依据规划环评的主要评价结论提出建设项目的生态环境准入要求（包括选址或选线、规模、资源利用效率、污染物排放管控、环境风险防控和生态保护要求等）、污染防治措施建设要求等。

对符合规划环评环境管控要求和生态环境准入清单的具体建设项目，应将规划环评结论作为重要依据，其环评文件中选址选线、规模分析内容可适当简化。当规划环评资源、环境现状调查与评价结果仍具有时效性时，规划所包含的建设项目环评文件中现状调查与评价内容可适当简化。

11.3.8 环境影响跟踪评价计划

（1）跟踪评价的概念

指规划编制机关在规划的实施过程中，对已经和正在产生的环境影响进行监测、分析和评价的过程，用以检验规划实施的实际环境影响，以及不良环境影响减缓措施的有效性，并根据评价结果，提出完善环境管理方案，或者对正在实施的规划方案进行修订。

（2）跟踪评价计划的内容

结合规划实施的主要生态环境影响，拟订跟踪评价计划，监测和调查规划实施对区域环境质量、生态功能、资源利用等的实际影响，以及不良生态环境影响减缓措施的有效性。

11.3.9 公众参与和会商意见处理

收集整理公众意见和会商意见，对于已采纳的，应在环境影响评价文件中明确说明修改的具体内容；对于未采纳的，应说明理由。

专项规划的环境影响评价需要进行公众参与，综合性规划环评不强制进行公众参与。

专项规划于规划草案报送审批前完成；执行人为专项规划的编制单位，可以委托环境影响报告书编制单位或者其他单位承担环境影响评价公众参与的具体工作；形式为（专家）论证会、（公众）听证会，或者采取其他形式。

11.3.10 评价结论

（1）评价结论的要求

评价结论是对全部评价工作内容和成果的归纳总结，应文字简洁、观点鲜明、逻辑清晰、结论明确。

（2）评价结论应涉及的内容

①区域生态保护红线、环境质量底线、资源利用上线，区域环境质量现状和演变趋势，资源利用现状和演变趋势，生态状况和演变趋势，区域主要生态环境问题、资源利用和保护问题及成因，规划实施的资源、生态、环境制约因素。

②规划实施对生态、环境影响的程度和范围，区域水、土地、能源等各类资源要素和大气、水等环境要素对规划实施的承载能力，规划实施可能产生的环境风险，规划实施环境目标可达性分析结论。

③规划的协调性分析结论，规划方案的环境合理性和环境效益论证结论，规划优化调整建议等。

④减缓不良环境影响的生态环境保护方案和管控要求。

⑤规划包含的具体建设项目环境影响评价的重点内容和简化建议等。

⑥规划实施环境影响跟踪评价计划的主要内容和要求。

⑦公众意见、会商意见的回复和采纳情况。

11.4 规划影响评价文件的编制格式

11.4.1 编制的基本要求

规划环境影响评价文件应图文并茂、数据翔实、论据充分、结构完整、重点突出、结论和建议明确。

11.4.2 环境影响报告书应包括的主要内容

如本书 11.3 节。

11.4.3 环境影响报告书中图件的要求

1）规划环境影响评价文件中图件一般包括规划概述相关图件，环境现状和区域规划相关图件，现状评价、环境影响评价、规划优化调整、环境管控、跟踪评价计划等成果图件。

2）成果图件应包括地理信息、数据信息，依法需要保密的除外。

11.4.4 规划环境影响篇章（或说明）应包括的主要内容

一般包括环境影响分析依据、现状调查与评价、环境影响预测与评价、环境影响减缓措施、附必要的图表。

11.5　规划环境影响评价文件的报送与审批

11.5.1　规划环境影响评价文件的报送

规划编制机关在报送审批综合性规划草案和专项规划中的指导性规划草案时，应当将环境影响篇章或者说明作为规划草案的组成部分一并报送规划审批机关；在报送审批专项规划草案时，应当将环境影响报告书一并附送规划审批机关审查。

未编写环境影响篇章或者说明的，或未附送环境影响报告书的，规划审批机关应当要求其补充；未补充的，规划审批机关不予审批。

11.5.2　规划环境影响评价文件的审批

设区的市级以上人民政府审批的专项规划，在审批前由其生态环境主管部门召集有关部门代表和专家组成审查小组，对环境影响报告书进行审查。审查小组应当提交书面审查意见，审查意见应当包括下列内容：

①基础资料、数据的真实性。

②评价方法的适当性。

③环境影响分析、预测和评估的可靠性。

④预防或者减轻不良环境影响的对策和措施的合理性和有效性。

⑤公众意见采纳与不采纳情况及其理由的说明的合理性。

⑥环境影响评价结论的科学性。

不能满足以上要求或内容存在其他重大缺陷或者遗漏的，审查小组应当提出对环境影响报告书进行修改并重新审查的意见。

有下列情形之一的，审查小组应当提出不予通过环境影响报告书的意见：

①依据现有知识水平和技术条件，对规划实施可能产生的不良环境影响的程度或者范围不能作出科学判断的。

②规划实施可能造成重大不良环境影响，并且无法提出切实可行的预防或者减轻不良环境影响的对策和措施的。

习 题

1. 名词解释

（1）综合性规划；（2）专项规划；（3）规划环境影响评价。

2. 根据《规划环境影响评价条例》，规划环境影响篇章的内容包括哪些？

3. 根据《规划环境影响评价条例》，关于规划环境影响评价公众参与应如何进行？

4. 根据《中华人民共和国环境影响评价法》，在规划编制过程中组织进行环境影响评价，哪些规划应编写环境影响篇章或者哪些应编写说明？

5. 根据《规划环境影响评价条例》，应当对规划环境影响报告书的质量负责的是什么机构？

6. 根据《规划环境影响评价技术导则　总纲》，规划环境影响评价的技术流程主要包括哪些内容？

7. 根据《规划环境影响评价技术导则　总纲》，现状调查阶段的基本要求主要包括哪些内容？

8. 根据《规划环境影响评价技术导则　总纲》，建立评价指标体系需要考虑哪些方面？

9. 根据《规划环境影响评价技术导则　总纲》，哪些情形下，需对规划内容提出优化调整建议？

10. 根据《规划环境影响评价技术导则　总纲》，规划环境影响评价原则是什么？

11. 根据《规划环境影响评价技术导则　总纲》，规划协调性分析包括哪些内容？

12. 根据《规划环境影响评价技术导则　总纲》，环境影响回顾性分析包括哪些内容？

13. 根据《规划环境影响评价技术导则　总纲》，环境影响预测与评价包括哪些内容？

14. 根据《规划环境影响评价技术导则　总纲》，规划方案综合论证与优化调整建议的基本要求是什么？

15. 根据《规划环境影响评价技术导则　总纲》，规划方案的环境合理性论证包括哪些内容？

16. 根据《规划环境影响评价技术导则　总纲》，环境影响预测与评价内容包括哪些内容？

17. 对规划环境影响评价进行审查的审查小组所提交书面审查意见应当包括哪些内容？什么情况下应当提出对环境影响报告书进行修改并重新审查的意见？什么情况下应当提出不予通过的意见？

第 12 章 典型规划的环境影响评价

12.1 产业园区规划环境影响评价

12.1.1 区域评价概念

区域环评（REIA）是在一定区域内以可持续发展为目标，以区域发展规划为依据，从整体上综合考虑区域内各种社会经济活动对环境产生的影响，在此基础上制定和选择维护区域良性循环，实现可持续发展的最佳行动规划或方案，同时为区域开发规划和管理提供决策依据。

产业园区指经各级人民政府依法批准设立，具有统一管理机构及产业集群特征的特定规划区域。主要目的是引导产业集中布局、集聚发展，优化配置各种生产要素，并配套建设公共基础设施。

12.1.2 评价依据与适用范围

评价产业园区规划环境影响和编写报告的依据为《规划环境影响评价技术导则 产业园区》（HJ 131—2021），该导则适用于国务院及省、自治区、直辖市人民政府批准设立的各类产业园区规划环境影响评价，其他类型园区可参照执行。

其他类型包括经济技术开发区、高新技术产业开发区、保税区、边境经济合作区、旅游度假区等区域开发以及各类工业园区等类似区域开发规划。

12.1.3 评价范围

时间维度上，应包括产业园区整个规划期，并将规划近期作为评价的重点时段。

空间尺度上，基于产业园区规划范围，结合规划实施对各生态环境要素可能影响的产业园区外周边地区及环境敏感区，统筹确定评价空间范围。

12.1.4 评价基本任务

开展产业园区发展情况与区域生态环境现状调查、生态环境影响回顾性评价，规划实施主要生态、环境、资源制约因素分析。

识别规划实施主要生态环境影响和风险因子，分析规划实施生态环境压力、污染物减排和节能降碳潜力，预测与评价规划实施环境影响和潜在风险，分析资源与环境承载状态。

论证规划产业定位、发展规模、产业结构、布局、建设时序及环境基础设施等的环境合理性，并提出优化调整建议，说明优化调整的依据和潜在效果或效益。

提出既有环境问题及不良环境影响的减缓对策、措施，明确规划实施环境影响跟踪监测与评价要求、规划所含建设项目的环境影响评价重点，制定或完善产业园区环境准入及产业园区环境管理要求，形成评价结论与建议。

12.1.5 评价程序

产业园区规划环境影响评价程序见图 12-1。

12.1.6 评价内容

（1）规划分析

1）规划概述

介绍规划沿革及编制背景，结合图、表梳理分析规划的时限、范围、定位、目标、控制性指标，以及水资源开发利用与保护、防洪、治涝、灌溉、城乡供水、水力发电、航运等各专业规划或专项规划的布局、任务、规模、建设方式、时序安排等，梳理规划近远期实施意见。对于规划涉及的重大工程（如大型水库和控制性工程、水力发电工程、跨流域调水工程、大型灌区和重要灌区工程、航运枢纽工程等），说明其性质、任务、规模等基本情况。

2）规划协调性分析

分析规划方案与相关法律、法规、政策及上层位规划、同层位规划、功能区划、“三线一单”等的符合性和协调性，明确在空间布局、资源保护与利用、生态环境保护、污染防治、风险防范要求等方面的冲突和矛盾。阐述综合规划与各专业规划或专项规划之间在目标、任务、规模等方面的冲突和矛盾。

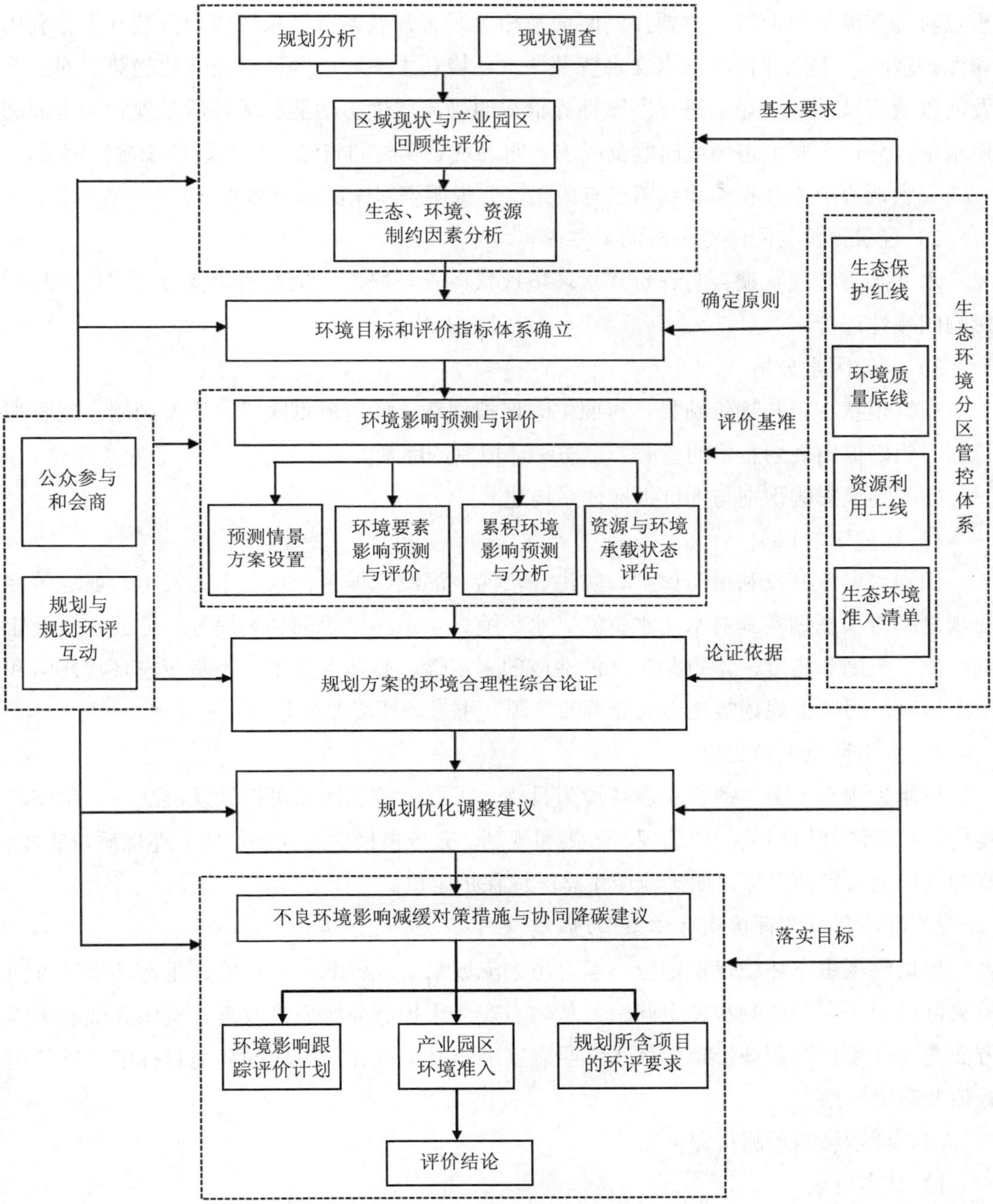

图 12-1　产业园区规划环境影响评价程序

（2）现状调查与评价

1）现状调查与评价基本要求

根据规划环境影响特点和流域生态环境保护要求，调查流域自然和社会环境概况，重点对干支流重要河段、主要控制断面及相关区域开展调查，系统梳理流域开发、利用和保护现状，重点评价流域水文水资源、水环境和生态环境等现状及变化趋势。对已开发河段或流域的环境影响进行回顾性评价，明确流域生态功能、环境质量现状和资源利用水平，分析主要生态环境问题及成因，明确规划实施的资源、生态、环境制约因素。

现状调查应充分收集和利用已有成果，并说明资料来源和有效性。

2）现状评价与回顾性分析的主要内容

水文水资源现状调查与评价、水环境现状调查与评价、生态现状调查与评价和环境影响回顾性评价。

3）制约因素分析

根据现状调查与评价结果，对照生态保护红线、环境质量底线、资源利用上线管控目标，明确提出规划实施的资源、生态、环境制约因素。

（3）环境影响识别与评价指标体系构建

1）环境影响识别

识别水资源开发利用与保护、防洪、治涝、灌溉、城乡供水、水力发电、航运等专业规划或专项规划实施对水文水资源、水环境、生态环境等的影响途径、方式，以及影响性质、范围和程度，重点判识可能造成的累积性、整体性等重大不良生态环境影响和生态风险，明确受规划实施影响显著的资源、生态、环境要素。

2）生态环境保护定位

以维护生态安全、改善生态环境为目标，根据流域和区域可持续发展战略、生态环境保护与资源利用相关法律法规、政策和规划，充分衔接生态保护红线、环境质量底线、资源利用上线管控目标，明确流域生态环境保护定位。

3）环境目标与评价指标体系构建

根据流域生态环境保护定位，综合考虑流域水文水资源、水环境、生态环境等方面的关键因子、主要影响和突出问题，从生态安全维护、环境质量改善、资源高效利用等方面建立环境目标和评价指标体系，明确基准年及不同评价时段的环境目标值、评价指标值及确定依据。

（4）环境影响预测与评价

1）基本要求

根据规划期内新建的控制性工程以及已建、在建工程的不同调度运行工况、阶段，从规划规模、布局、建设时序等方面，开展多种情景（或运行工况）规划环境影响预测与评价。

环境影响预测与评价应立足于利用已有成果，并说明资料来源和有效性。根据流域规划影响特征及生态环境保护定位确定评价重点内容。

2）环境影响预测与评价的主要内容

包括水文水资源影响预测与评价、水环境影响预测与评价、生态影响预测与评价和生态风险评价。

3）资源环境承载状况评估

在充分利用已有成果评价资源环境承载力的基础上，分析规划实施后重要河段水资源量与用水量、控制断面水环境质量的变化，围绕设定的规划开发情景评估流域水资源、水环境、生态环境对规划实施的承载状态及其变化趋势。

（5）规划方案环境合理性论证和优化调整建议

1）规划方案环境合理性论证

根据流域生态环境保护定位、环境目标及“三线一单”目标要求，结合规划协调性分析结果，论证规划定位和规划环境目标的环境合理性。

根据环境管控分区及要求，结合规划实施对生态保护红线、环境敏感区和重要生境的影响预测及生态风险评价结果，论证规划任务和布局、重大工程选址，规划划定的优先保护、重点保护、治理修复的水陆域及禁止、限制开发的河段或岸线的环境合理性。

根据环境影响预测评价和资源环境承载状态评估结果，结合水生态环境质量改善目标要求，论证规划开发利用规模和重大工程规模的环境合理性。

根据规划实施对生态环境的影响程度、范围和累积后果，结合生态环境影响减缓措施的潜在效果等，论证规划时序安排和建设方式的环境合理性。

规划目标可达性分析按《规划环境影响评价技术导则　总纲》执行。规划方案的环境效益从维护生态安全、改善生态环境质量推动社会经济绿色低碳发展等方面开展论证。

2）规划优化调整建议

说明规划环境影响评价与规划编制的互动过程和内容，特别是向规划编制机关反馈的意见建议及其采纳情况，明确已被采纳的建议，给出规划需进一步优化调整的建议及其论证依据。

规划方案与流域生态环境保护定位、上层位规划、“三线一单”目标要求等存在明显冲突，或者即便在采取可行的预防和减缓措施情况下仍难以满足生态环境目标及要求，应提出对规划方案作出重大调整的结论和建议。

规划布局方案与生态保护红线、环境敏感区和重要生境的保护要求不符，或对生态保护红线、环境敏感区和重要生境、流域重要生态功能产生重大不良影响，或规划任务及布局、重大工程等产生的生态风险不可接受，应针对规划任务、布局和重大工程选址等提出优化调整建议。

规划开发方案可能造成显著生态破坏、环境污染、生态风险或人群健康影响，或规划方案中的生态保护和污染防治措施实施后仍无法满足环境质量改善目标或污染防治要求，应针对规划开发利用规模、重大工程规模等提出优化调整建议。

针对经评价得出的关键要素、突出问题、主要影响、重大风险等，从促进流域环境质量改善、加强生态功能保障、推动绿色低碳发展角度，进一步梳理并以图、表形式提出规划方案的优化调整建议。将优化调整后的规划方案作为环境比选的推荐方案。

（6）环境影响减缓对策和措施

1）流域生态环境管控

衔接“三线一单”、国土空间规划等相关规划，结合流域资源、生态、环境制约因素，明确需优先保护、重点保护、治理修复的水陆域及禁止、限制开发的河段或岸线，围绕开发建设任务提出流域环境保护要求及细化重点区域生态环境管控要求的建议。对流域内具有生态保护价值的其他支流，根据具体开发利用和保护情况，还应提出生态环境保护和修复要求。

2）生态环境保护与污染防治对策和措施

从生态风险防范、流域环境管理、生态环境监测、水资源管理等方面提出预防措施。

从生态调度和监控机制、控制断面生态流量保障、物种及其生境保护、重要水源地保护、自然保护地与重要湿地保护、自然河段保留、流域水污染防治、沙化石漠化和水土流失治理等方面提出减缓措施。

从替代生境构建与保护、流域水系连通修复、岸线和河（湖）滨带修复、重点库区消落区和重点湖泊生态环境修复、退化林草和受损湿地修复、重要栖息地修复等方面提出修复补救措施，必要时提出流域生态补偿措施。对流域现存的生态环境问题，提出解决方案或后续管理要求。

（7）环境影响跟踪评价计划

①结合规划实施的主要生态环境影响，拟定跟踪评价计划，监测和调查规划实施对流域环境质量、生态功能、生物多样性、生物资源、资源利用等的实际影响，以及不良生态环境影响减缓措施的有效性。

②跟踪评价计划应包括工作目的、监测方案、调查方法、评价重点、实施安排等内容。主要包括：

a）以图、表形式给出需重点监测和评价的资源生态环境要素、重要河段、控制断面、具体监测项目及评价指标，以及相应的监测点位、频次。

b）提出分析规划优化调整建议、环境影响减缓对策和措施等落实情况和执行效果的具体内容和要求，明确分析和评价不良生态环境影响预防和减缓措施有效性的监测要求和评价准则。

c）针对规划实施对流域生态环境的阶段性综合影响，环境影响减缓措施的执行效果及后续规划实施调整建议等，明确跟踪评价的内容和要求。

（8）公众参与和会商意见处理

①重点调查、收集和分析受规划实施影响较大的公众、团队、有关政府机构、专业人士等的意见和建议，并对评价工作考虑和采用相关意见和建议的情况作出说明。

②会商意见应明确说明流域开发利用现状、规划实施可能产生的环境影响和潜在的生态风险，提出优化调整规划方案及完善环境影响减缓对策措施的建议。

12.2　流域综合规划环境影响评价

12.2.1　流域综合规划环境影响评价概念

（1）流域

地表水或地下水的分水线所包围的汇水或集水区域。

（2）流域综合规划

统筹研究一个流域范围内与水相关的各项开发、治理、保护与管理任务的水利规划。

（3）流域综合规划环境影响评价

以改善水生态环境质量、维护生态安全为目标，以落实碳达峰碳中和目标和加强生物多样性保护为导向，论证规划方案的环境合理性和社会环境效益，统筹流域治理、开发、利用和保护的关系，提出优化调整建议、不良生态环境影响的减缓措施及生态环境保护对策，推动流域绿色高质量发展，为规划综合决策和实施提供依据所进行的环境影响评价。

（4）评价依据

评价流域综合规划环境影响和编写报告的依据为《规划环境影响评价技术导则　流域综合规划》（HJ 1218—2021）。

该导则适用于国务院有关部门、流域管理机构、设区的市级以上地方人民政府及其有关部门组织编制的流域综合规划（含修订）的环境影响评价。流域专业规划或专项规划可参照该标准执行。

12.2.2　评价范围及评价时段

评价范围：应覆盖规划空间范围及可能受到规划实施影响的区域，统筹兼顾流域上下游、干支流、左右岸、河（湖）滨带、地表和地下集水区、调入区和调出区及江河湖海交汇区。

评价时段：与流域综合规划的规划时段一致，必要时可根据规划实施可能产生的累积性生态环境影响适当扩展，并根据规划方案的生态环境影响特征确定评价的重点时段。

12.2.3 评价技术流程

流域综合规划环境影响价技术流程见图 12-2。

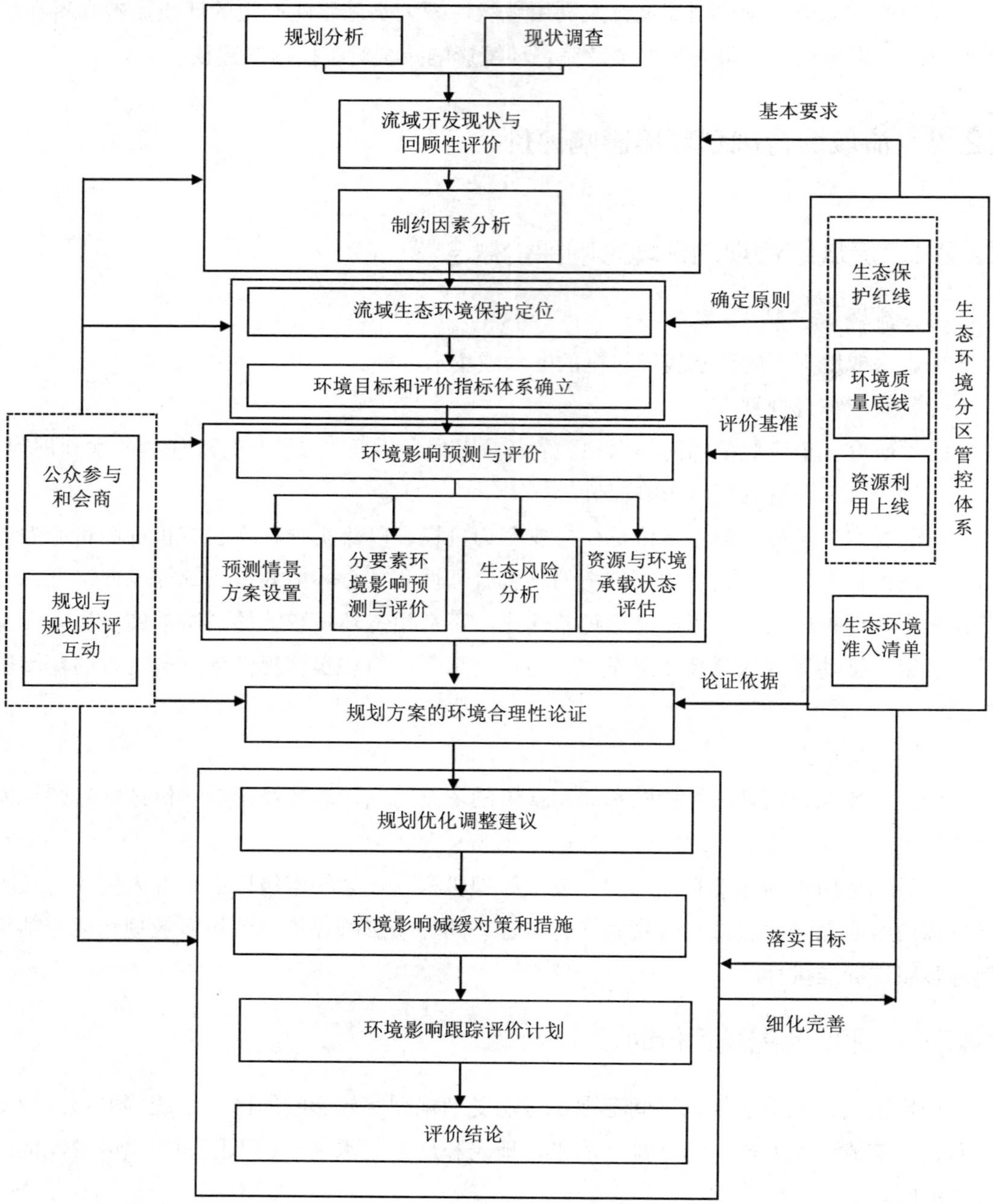

图 12-2　流域综合规划环境影响价技术流程

12.2.4　主要评价内容

规划分析、现状调查与评价、环境影响识别与评价指标体系构建、环境影响预测与评价、规划方案环境合理性论证和优化调整建议、环境影响减缓对策和措施、环境影响跟踪评价计划与规划和建设项目环境影响评价要求及公众参与和会商意见。

12.3　煤炭工业矿区总体规划环境影响评价

12.3.1　评价依据

评价煤炭工业矿区总体规划环境影响和编写报告的依据为《规划环境影响评价技术导则　煤炭工业矿区总体规划》（HJ 463—2009）。

该导则适用于国务院有关部门、设区的市级以上人民政府及其有关部门组织编制的煤炭工业矿区总体规划环境影响评价。煤、电一体化，煤、电、化工一体化等专项规划环境影响评价中的煤炭开发规划环境影响评价可参照该导则执行。

12.3.2　评价目的

在煤炭工业矿区总体规划的编制和决策过程中，充分考虑所拟议的规划可能涉及的资源、环境问题，预防和减轻规划实施后可能造成的不良环境影响，从源头控制环境污染和生态破坏，协调经济增长、社会进步和环境保护的关系。

12.3.3　评价范围

原则上以矿区规划范围（包括规划开采区、勘探区和后备区）为基础，在综合考虑规划实施可能影响的范围、周边重要环境敏感保护目标分布，以及地理单元或生态系统完整性的基础上，合理确定外扩范围。

12.3.4　评价时段

评价时段应根据矿区总体规划方案确定的矿井（露天矿）建设顺序合理安排，分时段进行环境影响评价。

12.3.5　评价工作程序

煤炭工业矿区总体规划环境影响评价工作程序见图 12-3。

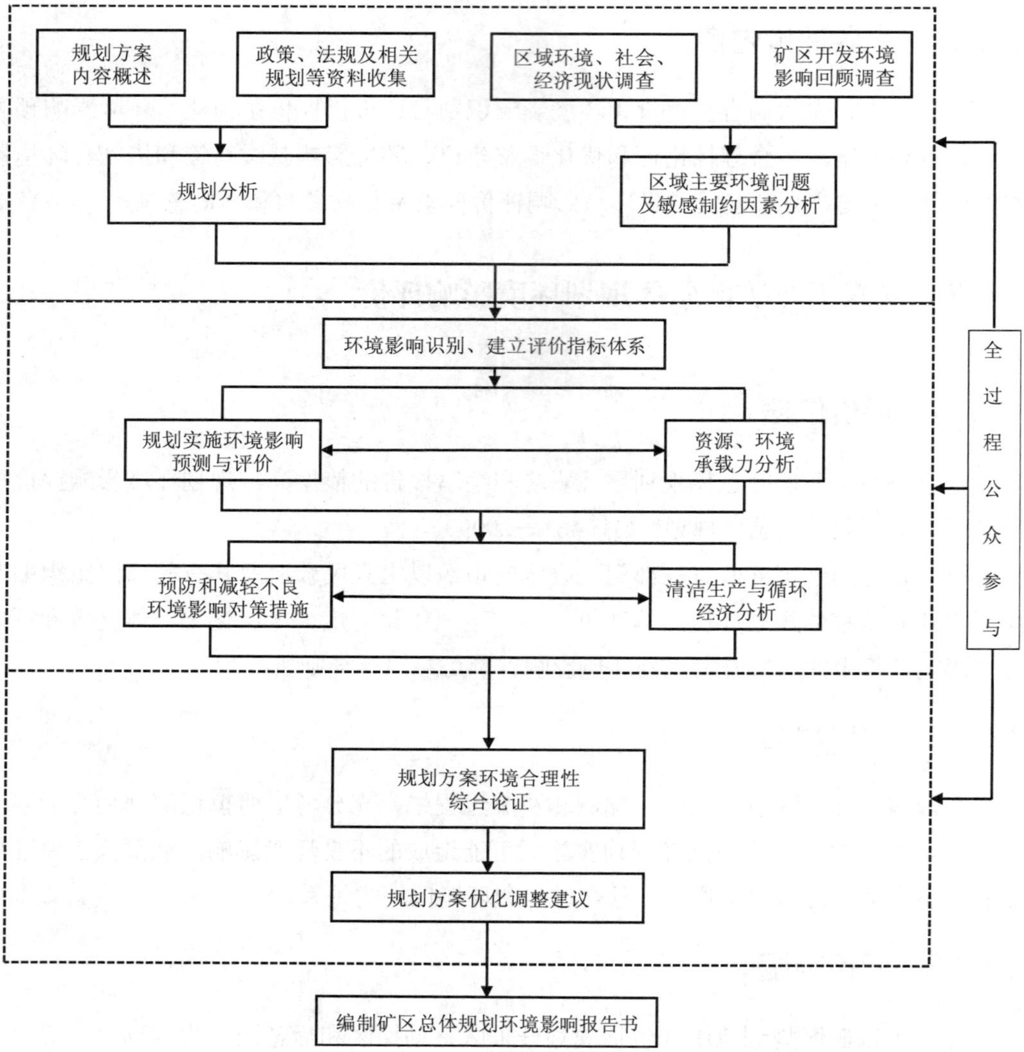

图 12-3 煤炭工业矿区总体规划环境影响评价工作程序

12.3.6 评价主要内容

（1）规划分析

概述和分析矿区总体规划主要内容。

分析、评价矿区总体规划方案与相关政策、法规的符合性，与国家、地方、行业相关规划、计划的协调性。

（2）环境现状调查、分析与评价

调查、评价矿区总体规划实施所依托的环境条件（包括自然、社会和经济环境），识别区域主要环境问题以及制约矿区规划实施的敏感环境因素。对已经开发的矿区应进行矿区环境影响回顾性评价。

（3）环境影响预测、分析与评价

预测矿区总体规划实施后，可能对环境造成的影响，包括直接影响、间接影响和累积影响。

（4）资源、环境承载力分析

论证分析、评价矿区资源、环境对总体规划实施和区域可持续发展的承载能力。

（5）环境影响减缓对策和措施

提出预防和减轻不良环境影响的对策和措施。

（6）规划方案环境合理性

对矿区总体规划方案的环境合理性进行综合论证，提出环境合理的规划方案调整建议。

（7）公众参与

开展公众参与工作。

（8）环境监测与跟踪评价

制定矿区总体规划实施后环境影响的监测与跟踪评价计划。

习　题

1. 名词解释

（1）产业园区；（2）流域综合规划。

2. 请简述规划环境影响评价与一般建设项目环境影响评价的区别与联系。

3. 请简述《规划环境影响评价技术导则　产业园区》的适用范围。

4. 根据《规划环境影响评价技术导则　产业园区》，产业园区规划环境影响评价统筹协调的原则包括哪些？

5. 根据《规划环境影响评价技术导则　产业园区》，产业园区规划评价的基本任务包括哪些？

6. 根据《规划环境影响评价技术导则　产业园区》，规划实施生态环境压力分析的内容包括哪些？

7. 根据《规划环境影响评价技术导则　产业园区》，产业园区碳减排的主要途径包括哪些？

8. 根据《规划环境影响评价技术导则　产业园区》，产业园区规划评价的基本任务是什么？

9. 根据《规划环境影响评价技术导则　流域综合规划》，生态环境保护措施包括哪些？

10. 根据《规划环境影响评价技术导则　流域综合规划》，流域综合规划环境影响评价原则是什么？

11. 根据《规划环境影响评价技术导则　煤炭工业矿区总体规划》，煤炭工业矿区总体规划属于综合性规划还是专项规划？煤炭工业矿区总体规划环境影响评价与煤炭开采和洗选业的一般建设项目的环境影响评价有什么区别和联系？

附　录

（一）环境影响评价技术导则

序号	名称	标准号
1	环境影响评价技术导则　总纲	HJ 2.1—2016
2	环境影响评价技术导则　土壤环境（试行）	HJ 964—2018
3	环境影响评价技术导则　声环境	HJ 2.4—2021
4	环境影响评价技术导则　生态影响	HJ 19—2022
5	环境影响评价技术导则　地下水环境	HJ 610—2016
6	环境影响评价技术导则　地表水环境	HJ 2.3—2018
7	环境影响评价技术导则　大气环境	HJ 2.2—2018
8	规划环境影响评价技术导则　总纲	HJ 130—2019
9	规划环境影响评价技术导则　煤炭工业矿区总体规划	HJ 463—2009
10	规划环境影响评价技术导则　流域综合规划	HJ 1218—2021
11	规划环境影响评价技术导则　产业园区	HJ 131—2021

（二）法律法规

序号	名称
1	中华人民共和国环境影响评价法
2	固定污染源排污许可分类管理名录（2019 年版）
3	规划环境影响评价条例（中华人民共和国国务院令　第 559 号）
4	国家危险废物名录（2021 年版）
5	环境影响评价公众参与办法
6	建设项目环境影响登记表备案管理办法
7	建设项目环境影响评价分类管理名录（2021 年版）
8	建设项目竣工环境保护验收暂行办法
9	生态环境标准管理办法（2020 版）

（三）环境质量标准

序号	名称	标准号
1	地表水环境质量标准	GB 3838—2002
2	地下水质量标准	GB/T 14848—2017
3	海水水质标准	GB 3097—1997
4	环境空气质量标准	GB 3095—2012
5	环境空气质量指数（AQI）技术规定（试行）	HJ 633—2012
6	机场周围飞机噪声环境标准	GB 9660—1988
7	农田灌溉水质标准	GB 5084—2021
8	声环境质量标准	GB 3096—2008
9	土壤环境质量　建设用地土壤污染风险管控标准（试行）	GB 36600—2018
10	土壤环境质量　农用地土壤污染风险管控标准（试行）	GB15618—2018
11	渔业水质标准	GB 11607—1989

（四）污染物排放标准

1. 大气

序号	名称	标准号
1	工业炉窑大气污染物排放标准	GB 9078—1996
2	火电厂大气污染物排放标准	GB 13223—2011
3	锅炉大气污染物排放标准	GB 13271—2014
4	恶臭污染物排放标准	GB 14554—1993
5	大气污染物综合排放标准	GB 16297—1996
6	储油库大气污染物排放标准	GB 20950—2020
7	油品运输大气污染物排放标准	GB 20951—2020
8	加油站大气污染物排放标准	GB 20952—2020
9	玻璃工业大气污染物排放标准	GB 26453—2022
10	钢铁烧结、球团工业大气污染物排放标准及修改单	GB 28662—2012
11	炼铁工业大气污染物排放标准	GB 28663—2012
12	炼钢工业大气污染物排放标准	GB 28664—2012
13	轧钢工业大气污染物排放标准及修改单	GB 28665—2012
14	挥发性有机物无组织排放控制标准	GB 37822—2019
15	制药工业大气污染物排放标准	GB 37823—2019
16	印刷工业大气污染物排放标准	GB 41616—2022

2. 水

序号	名称	标准号
1	船舶水污染物排放控制标准	GB 3552—2018
2	纺织染整工业水污染物排放标准	GB 4287—2012
3	污水综合排放标准及修改公告	GB 8978—1996
4	钢铁工业水污染物排放标准及修改单	GB 13456—2012
5	合成氨工业水污染物排放标准	GB 13458—2013
6	弹药装药行业水污染物排放标准	GB 14470.3—2011
7	磷肥工业水污染物排放标准及修改单	GB 15580—2011
8	烧碱、聚氯乙烯工业污染物排放标准	GB 15581—2016
9	炼焦化学工业污染物排放标准	GB 16171—2012
10	城镇污水处理厂污染物排放标准及修改单公告	GB 18918—2002
11	柠檬酸工业水污染物排放标准及修改单	GB 19430—2013
12	淀粉工业水污染物排放标准及修改单	GB 25461—2010
13	酵母工业水污染物排放标准及修改单	GB 25462—2010
14	油墨工业水污染物排放标准	GB 25463—2010
15	陶瓷工业污染物排放标准	GB 25464—2010
16	铝工业污染物排放标准	GB 25465—2010
17	铅、锌工业污染物排放标准及修改单	GB 25466—2010
18	铜、镍、钴工业污染物排放标准	GB 25467—2010
19	镁、钛工业污染物排放标准	GB 25468—2010
20	硝酸工业污染物排放标准	GB 26131—2010
21	硫酸工业污染物排放标准及修改单	GB 26132—2010
22	稀土工业污染物排放标准	GB 26451—2011
23	钒工业污染物排放标准	GB 26452—2011
24	汽车维修业水污染物排放标准	GB 26877—2011
25	发酵酒精和白酒工业水污染物排放标准及修改单	GB 27631—2011
26	橡胶制品工业污染物排放标准	GB 27632—2011
27	铁矿采选工业污染物排放标准	GB 28661—2012
28	铁合金工业污染物排放标准	GB 28666—2012
29	缫丝工业水污染物排放标准	GB 28936—2012
30	毛纺工业水污染物排放标准	GB 28937—2012
31	麻纺工业水污染物排放标准	GB 28938—2012
32	锡、锑、汞工业污染物排放标准及修改单	GB 30770—2014
33	石油炼制工业污染物排放标准及修改单	GB 31570—2015
34	石油化学工业污染物排放标准及修改单	GB 31571—2015

序号	名称	标准号
35	合成树脂工业污染物排放标准及修改单	GB 31572—2015
36	无机化学工业污染物排放标准及修改单	GB 31573—2015
37	再生铜、铝、铅、锌工业污染物排放标准	GB 31574—2015
38	电子工业水污染物排放标准	GB 39731—2020

3. 固体废物

序号	名称	标准号
1	生活垃圾填埋场污染控制标准	GB 16889—2024
2	危险废物焚烧污染控制标准	GB 18484—2020
3	生活垃圾焚烧污染控制标准	GB 18485—2014
4	危险废物贮存污染控制标准	GB 18597—2023
5	危险废物填埋污染控制标准	GB 18598—2019
6	一般工业固体废物贮存和填埋污染控制标准	GB 18599—2020
7	医疗废物处理处置污染控制标准	GB 39707—2020

4. 噪声

序号	名称	标准号
1	工业企业厂界噪声标准	GB 12348—2008
2	建筑施工场界环境噪声排放标准	GB 12523—2011
3	铁路边界噪声限值及其测量方法及修改方案	GB 12525—1990
4	城市轨道交通列车噪声限值和测量方法	GB 14892—2006
5	社会生活环境噪声排放标准	GB 22337—2008

（五）污染源源强核算技术指南

序号	名称	标准号
1	工业污染源现场检查技术规范	HJ 606—2011
2	污染源源强核算技术指南　电镀	HJ 984—2018
3	污染源源强核算技术指南　纺织印染工业	HJ 990—2018
4	污染源源强核算技术指南　钢铁工业	HJ885—2018
5	污染源源强核算技术指南　锅炉	HJ 991—2018
6	污染源源强核算技术指南　化肥工业	HJ 994—2018
7	污染源源强核算技术指南　火电	HJ 888—2018
8	污染源源强核算技术指南　炼焦化学工业	HJ 981—2018

序号	名称	标准号
9	污染源源强核算技术指南　农副食品加工工业—淀粉工业	HJ 996.2—2018
10	污染源源强核算技术指南　农副食品加工工业—制糖工业	HJ 966.1—2018
11	污染源源强核算技术指南　农药制造工业	HJ 993—2018
12	污染源源强核算技术指南　平板玻璃制造	HJ 980—2018
13	污染源源强核算技术指南　汽车制造	HJ 1097—2020
14	污染源源强核算技术指南　石油炼制工业	HJ 982—2018
15	污染源源强核算技术指南　水泥工业	HJ 886—2018
16	污染源源强核算技术指南　陶瓷制品制造	HJ 1096—2020
17	污染源源强核算技术指南　有色金属冶炼	HJ 983—2018
18	污染源源强核算技术指南　制革工业	HJ 995—2018
19	污染源源强核算技术指南　制浆造纸	HJ 887—2018
20	污染源源强核算技术指南　制药工业	HJ 992—2018
21	污染源源强核算技术指南　准则	HJ 884—2018